이 도서의 국립중앙도서관 출판예정도서목록(CIP)은
서지정보유통지원시스템 홈페이지(http://seoji.nl.go.kr)와
국가자료공동목록시스템(http://www.nl.go.kr/kolisnet)에서
이용하실 수 있습니다.(CIP제어번호 : CIP2015021634)

식물이 더 좋아지는

식물 이야기 사전

찰스 스키너 지음
윤태준 옮김

목수책방
木水冊房

옮긴이 식물을
서문 사랑하는
이들에게

"신화의 가치는 그것의 진위가 아니라
얼마나 많은 사람이 얼마나 오랫동안
그것을 믿어 왔는가에 있다."

시오노 나나미

피라미드의 가장 큰 미스터리는 그렇게 거대한 구조물을 기계문명의 힘도 빌리지 않고 어떻게 만들었느냐는 것이 아니라 도대체 왜 만들었느냐는 것이었다. 거대한 돌을 차곡차곡 쌓아 올리는 광경을 상상할 때면 감독관이 휘두르는 채찍을 맞아 가며 무거운 돌을 나르는 노예의 눈물과 땀방울을 떠올리기 쉽다. 그러나 벽화 등 여러 증거에 따르면, 피라미드 건설 노동자들은 거의 자발적으로 즐겁게 그 일에 참여했다.
비밀의 문을 푸는 열쇠는 고대 이집트 사람들이 굳게

믿었던 신화에서 찾을 수 있다.

고대 이집트의 종교는 단순한 태양신앙이 아니라 정교한 과학적 관측과 고도의 수학적 지식이 전제되는 별 신앙이었다. 대지의 신 게브와 하늘의 여신 누트 사이에서 태어난 오시리스는 이집트 최초의 신성한 왕으로서, 죽음과 부활을 반복하는 신적인 존재이다. 그 아들 호루스가 대를 이었다.

고대 이집트 사람들은 살아 있는 왕은 모두 호루스 왕의 환생이라 믿었다. 왕이 죽으면 하늘로 올라가서 오리온자리, 즉 오시리스가 된다. 새 왕은 별자리에서 지상으로 내려와 호루스로 환생한 오시리스이다.

가장 거대한 기제 피라미드 세 개는 오리온 벨트의 밝기와 위치를 정확하게 재현한 것이다. 환기구인지 비밀통로인지 알 수 없었던 좁은 통로는 피라미드가 건설되던 당시 밤하늘에서 정확하게 오리온 벨트를 가리키고 있었다. 피라미드는 단순한 무덤이 아니라, 죽은 왕이 하늘로 올라가 신이 되고 신이 지상으로 내려와 왕자와 하나가 되어 새로운 왕이 되는 의식을 치르는 신전이었다. 적어도 고대 이집트 사람들에게는 대단히 실용적이고 반드시 필요한 구조물이었다.

신화와 전설은 그것이 만들어낸 세상을 이해하는 틀을 제공하는 매우 유용한 지식이라 할 수 있다. 그러나 신화와 전설의 유용성이라는 것을 이렇게 딱딱하게만 바라볼 필요는 없다. 버트런드 러셀은 '유용한 지식과 무용한 지식'이라는 짧은 에세이에서 조금 다르지만 더 설득력 있는 시각을 제시했다.

"나는 복숭아와 살구를 즐기는데 그것들이 중국 한 왕조 초기에 처음으로 재배되었다는 것, 카니슈카 대왕에게 볼모로 잡혀 온 중국인들이 인도에 소개한 이후 페르시아로 퍼져 나갔으며 서기 1세기에 로마 제국에까지 당도했다는 것, 살구apricot가 일찍 익는다고 해서 'preccious발육이 빠른, 조숙한'와 같은 라틴어 어원에서 파생되었다는 것, 그런데 어원을 잘못 아는 바람에 실수로 'a'를 덧붙였다는 사실을 알고 나서는 더 맛있게 먹을 수 있게 되었다. 이런 모든 지식이 과일 맛을 더 달콤하게 만들어 주니까."

신화나 전설이라고는 할 수 없지만, 러셀에게 살구에 얽힌 이야기는 대단히 유용한 지식이었다. 좋아하는 살구를 먹을 때마다 미각 이상의 또 다른 즐거움을 주었으니까.

식물은 식용으로나 약용으로나 관상용으로나 우리 삶에서 도저히 떼어 낼 수 없는 존재이다. 물이 흐르는 곳마다 흙을 걷어치우고 콘크리트로 뒤덮으려는 사람들의 강박증에 익숙해질수록 곁에 있을 때는 모르던 식물의 소중함을 새삼 깨닫게 된다. 꽃을 보려면 집 앞 뜰이나 근처 들판이 아니라 식물원을 찾아야 하는 시대가 되어가고 있다.

다행히 아직은 도시 한복판에서도 철마다 피고 지는 꽃과 옷을 갈아입는 나무를 볼 수 있으며, 자신의 존재를 알리려 매연을 뚫고 필사적으로 내뿜는 그들의 향기를 느낄 수 있다. 늘 가까이에 두려고 관상용으로 정성스레 키우는 사람도 적지 않다.

이 책은 식물을 사랑하는 사람들 그리고 우리 사회의 콘크리트 강박증에 지친 사람들을 위한 책이다. 러셀의 살구가 더 달콤해졌던 것처럼, 꽃의 아름다움에 의미를 더하고 꽃의 향기를 더욱 짙어지게 해 주는 이야기들이다. 오직 생산적인 것만이 유용한 지식으로 여겨지는 이 각박한 현대 사회에서 부당하게 무용한 지식으로 치부되는 이야기들이라고 할 수도 있다. 새빨간 사과 껍질을 깎아 노란 과육이 드러날 때마다 헤스페리데스의 황금 사과를 떠올리고, 복숭아를 반으로 가를 때마다 한가운데에 씨앗 대신 작은 아기가 과육을 요람 삼아 잠들어 있는 상상을 할 수 있다면 과일을 먹는 행위가 단순한 영양섭취나 군것질 이상의 즐거움이 될 것이다. 튤립을 볼 때마다 그 속에서 잠든 요정 픽시의 아기를 찾아보게 될지도 모른다. 장미 꽃잎을 붉게 물들인 것이 누구의 피인지 혹은 하얀 장미가 무엇이 부끄러워 얼굴을 그렇게 붉게 물들였는지는 마음에 드는 신화를 골라 떠올리면 된다.

아마도 그것이 저자가 이 책을 쓴 이유가 아닐까. 광활하고 아름다운 자연환경 속에 살면서도 역사가 짧은 탓에 그것에 어떤 정신적인 의미도 부여하지 못하고 눈에 보이는 것 이상의 아름다움을 느끼지도 못한 채 차갑게 도시화되어 가는 미국인과 미국의 도시환경이 안타까웠던 나머지 주변에서 흔히 볼 수 있는 식물들에 신화와 설화의 색을 입혀 식물에서 느낄 수 있는 진정한 즐거움을 전하려 한 것이다. 이 책에는 사람을 만날 때도 외모나 배경, 재산 정도보다 그 사람의 사연이 가장 흥미롭듯이, 꽃 한 송이, 나무 한 그루, 풀 한 포기에 얽힌 사연을 알면 그것들을 곁에 두고 아끼며 더 풍요로운 정신적 삶을 누리게 되리라는 희망이 담겨 있다.

역자는 저자의 그러한 의도를 지금의 한국에서도 가능한 한 그대로 살려내고자 1911년에 출판된 세 번째 개정판을 그대로 옮기기보다 우리 실정에 맞게 재구성하여 골라 옮기기로 했다. 당시의 미국 독자가 즐거움을 느낄 만한 소재가 지금 한국 독자의 정서와 정확히 일치할 수는 없기 때문이다. 서양인에게는 익숙하지만 우리에게는 생소하기만 한 여러 식물의 다양한 별명과 그

어원 및 기원을 그대로 옮기는 것은 이 유용한 지식을 유용하게 사용하는 길이 되지 못한다고 보았다. 예컨대 우리에게 유용한 지식은 '우슬'이 소의 무릎 모양을 닮은 줄기 때문에 그렇게 불린다는 점이지, 'achyranthes'라는 이름의 기원은 아닐 것이다. 특정 종교의 확인되지 않은 전설, 특히 지금은 해당 종교에서도 꺼릴 법한 전설도 가능한 한 생략했다. 그러므로 시대를 초월하여 저자가 전 세계 모든 독자에게 들려주고 싶어 할 만한 이야기들을 모아 엮은 셈이다.

식물과 함께 살아갈 수밖에 없는 우리 삶이 이 이야기들을 통해 조금이라도 더 넉넉해진다면 더 이상 바랄 것이 없겠다.

옮긴이
윤태준 2015년 8월

004
옮긴이 서문

식물을
사랑하는
이들에게

014
지은이 서문

흥미로운
식물 이야기를
찾아서

032
가문비나무
Spruce

033
가지
Egg-plant

034
갈대
Reed

036
개암나무
Hazel

038
겨우살이
Mistletoe

040
겨자
Mustard

042
계피
Cinnamon

043
곡식
Grains

045
국화
Chrysanthemum

047
금작화
Broom

048
기나나무
Cinchona

049
길레아드 발삼나무
Balm of Gilead

050
낙엽송
Larch

051
난초
Orchid

052
느릅나무
Elm

054
능수버들
Tamarisk

056
다크
Dhak

057
딱총나무
Elder

058
단풍나무
Maple

061
달리아
Dahlia

062
대마
Hemp

064
도금양
Myrtle

067
돼지풀
Ragweed

068
로즈메리
Rosemary

070
마저럼
Marjoram

071
망고
Mango

073
매발톱꽃
Columbine

074
맨드레이크
Mandrake

075
멜론
Melon

077
모란
Peony

079
목화
Cotton

081
무
Radish

083
무화과나무
Fig

086
물레나물
Hypericum

087
물망초
Forget-me-not

089
물푸레나무
Ash

093
미나리아재비
Crowfoot

094
미모사
Mimosa

094
민들레
Dandelion

096
바질
Basil

100
바이퍼스 버그로스
Viper's Bugloss

101
박하
Mint

102
백합
Lily

106
버드나무
Willow

111
범의귀
Saxifrage

112
베르가못
Bergamot

114
보리수
Peepul

115
복수초
Adonis

116
복숭아
Peach

118
브리오니아
Briony

120
블랙베리
Blackberry

123
뽕나무
Mulberry

127
사과
Apple

131
사라수
Sal

132
사이프러스
Cypress

134
산사나무
Hawthorn

135
석류
Pomegranate

138
선인장
Cactus

139
세이지
Sage

141
소나무
Pine

143
수레국화
Cornflower

144
수련
Water-lily

147
수선화
Narcissus

149
스노드롭
Snowdrop

150
시계꽃
Passion Flower

151
쑥
Motherwort

153
아네모네
Anemone

154
아르부투스
Arbutus

157
아마
Flax

158
아마란스
Amaranth

160
아몬드
Almond

163
아보카도
Avocado Pear

165
아이리스
Iris

167
아카시아
Acacia

170
아칸서스
Acanthus

171
양귀비
Poppy

173
양배추
Cabbage

174
양치류
Fern

177
엉겅퀴
Thistle

179
에델바이스
Edelweiss

180
에링고
Eryngo

182
연꽃
Lotus

183
오동나무
Paulownia

185
오이
Cucumber

185
옥수수
Maize

190
올리브
Olive

192
완두콩
Pea

193
용설란
Maguey

196 **용혈수** Dragon's Blood Tree	*225* **천수국** Marygold	*243* **패모** Crown Imperial
197 **우슬** Achyranthes	*226* **초롱꽃** Campanula	*244* **팬지** Pansy
198 **월계수** Laurel	*227* **치커리** Chicory	*245* **포도나무** Grapevine
201 **은방울꽃** Lily of the Valley	*228* **카네이션** Carnation	*246* **포플러** Poplar
203 **자작나무** Birch	*229* **칸나** Canna	*249* **향나무** Juniper
204 **장미** Rose	*230* **캐럽** Carob	*251* **헬리오트로프** Heliotrope
213 **전나무** Fir	*233* **콩** Bean	*252* **협죽도** Oleander
215 **제비꽃** Violet	*235* **크로커스와 샤프란** Crocus, Saffron	*254* **호두나무** Walnut
217 **종려나무** Palm	*236* **클로버** Clover	*255* **호박** Pumpkin
218 **참나무** Oak	*238* **투구꽃** Aconite	*256* **히아신스** Hyacinth
222 **참피나무** Linden	*241* **튤립** Tulip	

지은이 홍미로운
서문 식물 이야기를
찾아서

식물에 얽힌 설화

꽃과 나무에 관한 전설과 우화는 인류가 어떠한 교육도 받기 전부터 간직해 온 순수한 정신을 보여 준다. 식물의 세계는 지난 3000년 동안 거의 변하지 않았다. 고대인에게 어떤 믿음을 불러 일으켰던 꽃잎과 나뭇잎의 모양과 색깔은 지금 우리에게도 여전히 강렬한 인상을 준다. 식물의 상징적인 의미는 매우 다양하며 일반적으로 오늘날까지도 통용된다. 지성인이라면 누구나 그 시적인 의미에 매력을 느낄 것이다. 우리가 아름다운 것에 시적인 찬사를 바치듯, 야만인도 그들의 언어로 하늘과 석양과 폭풍과 꽃을 의인화하여 우의적인 찬사를 바쳤다. 우리가 물질적이고 지루한 시대에 살고 있다고들 하지만, 지금도 순수하고 사랑스러운 상상력을 지녔던 시대와 완전히 단절되지는 않았다. 지금도 월계관은 영광을, 장미는 아름다움을, 백합은 순수를, 참나무는 힘을, 버드나무는 품위를, 무화과나무는 안식을, 옥수수는 풍요를, 올리브나무 가지는 평화를 상징한다. 이제 주신酒神 바쿠스를 믿는 이는 없지만, 포도나무를 이야기하며 아직도 그를 떠올린다. 나라는 물론 지방마다 상징하는 꽃이 있고, 스코틀랜드 고지대 사람들은 지금도 자기 씨족을 상징하는 휘장을 달고 다닌다. 역사를 기리는 이러한 미적 취향이나 식물학이 학문으로 성립하기도 전에 150여 종에 달하는 나무를 이야기한 셰익스피어를 보면 옛사람들이 식물을 단지 연구대상으로만 보지 않고 대자연의 환희를 느끼며 살았음을 확인할 수 있다.

전 세계 수많은 종교의 창조신화에는 나무와 과일이 등장한다. 식물에 관한 수많은 설화가 세상을 인격화하고, 모든 식물이 오직 인간을 위해 존재한다는 자기만족적인 사상을 담고 있다. 이런 관념으로부터 '어떤 질병을 연상시키는 식물을 약으로 쓰면 병이 치료된다는 신념체계'가 도출되었다. 예컨대 파르르 떨리는 사시나무가 파킨슨씨병에 효과가 있다고 믿거나, 신장결석에 돌처럼 딱딱한 씨앗을 품은 개지치 또는 바위틈에 자라는 미나리과 식물 등을 처방하는 식이다. 연주창連珠瘡에는 현삼을, 나병에는 솔체꽃 갓털을, 이질에는 혈근초를 처방한다. 폐결핵에 폐장초를, 두드러기nettle rash에 쐐기풀 차nettle tea를 처방하는 것에서는 그런 믿음이 때때로 식물의 이름을 결정한다는 사실도 알 수 있다. 황달에 걸린 사람에게는 그 피부색과 유사한 강황을 처방한다. 심장과 닮은 모양의 잎을 가진 애기괭이밥은 강장제로 쓰였다. 우산이끼liverwort는 간liver을 보양하고, 뿌리가 부어오른 발처럼 생긴 브리오니아는 부기浮氣에 잘 듣는다. 사람들이 어떤 이름을 붙였는지를 통해 그 식물에 관해 많은 것을 알 수 있다.

대지의 여신 카르나가 탄생하기 전 이탈리아에서는 사람이 경작하지 않는 한 가축사료로 쓰이는 밀과 콩 말고는 아무것도 자라지 않았다. 그것이 카르나 여신 축일에 콩을 바치는 이유이다. 고대 로마의 투표용지는 결백을 상징하는 하얀 콩이었다. 콩이 그토록 중요하게 여겨졌으므로 로마에서 가장 유력한 가문의 이름이 '파비앙Fabian'이었던 것은 당연한 일일지도 모른다. 코에피오네Coepiones 가문은 양파Onion를, 피손Pison 가문은 완두콩Pea을 상징한다. 키케로는 병아리콩이라는 뜻이다. 렌투시니Lentucini는 상추Lettuce 일가라는 의미였다. 오늘날까지도 피즈Pease완두콩, 빈스Beans콩, 피어스Pears배, 체리Cherry, 베리Berry, 올리브Olive, 로즈Rose, 릴리Lily 등 식물에서 따온 이름이 많이 남아 있다. 아메리카 인디언들의 작명은 훨씬 창의적이고 다양해서 자녀에게 '들장미', '갓 피어난 양귀비', '고개 숙인 백합' 등 각자에게 딱 맞는 이름을 붙여 주었다. 나무나 꽃 등 식물의 이름을 사용하는 것은 매우 영예로운 일이었다. 위엄 있는 가문의 이름에 쓰인 풀과 나무, 꽃 등은 그 가문의 집이나 무덤 또는 사원 근처에서 쉽게 발견할 수 있었다. 가문의 문장紋章도 그때부터 쓰이기 시작했다.

사람들이 식물의 외형에만 집중하는 약징주의식물의 외부 형태와 신체기관의 특징이 비슷하면 치료에 사용할 수 있다는 믿음 藥徵主義 The doctrine of signature를 넘어서면서 식물이 약으로 사용될 가능성이 더 널리 알려지기 시작했다. 블레스트 시슬엉겅퀴와 닮은 국화과 잡초blessed thistle은 처음에는 가려움증을 치료하는 약으로만 쓰이다가 점차 통증, 현기증, 황달, 증오, 홍조, 딸기코, 습진, 백선, 발진, 종기, 광견병, 뱀독, 청각장애, 건망증 등 여러 증상을 치료하는 데 쓰였다. 멜랑콜리 시슬melancholy thistle이라 불리는 품종은 와인과 함께 우울증 치료제로 쓰였다. 한 품종이 성스러운 것으로 여겨지면 비슷한 품종들도 겉으로 드러난 특징을 넘어서 다양한 치료제로 쓰인다. 이름에 'lady'가 들어간 꽃은 모두 동정녀 마리아에게 헌정된 것이다. 레이디스 슬리퍼개불알난Lady's slipper, 레이디스 맨틀장미과의 허브Lady's mantle, 레이디스 트래시스타래난초속의 각종 난초Lady's tresses, 레이디스 베드스트로큰솔나물Lady's bedstraw 등 일일이 열거하기도 어려울 정도이다.

은총을 내리는 식물에 붙은 이름은 중요한 신화적 의미보다 미신과 관련된 것이 더 많다. 그러나 식물에 천사나 성자의 이름을 붙여 신성시하는 것이 기독교 문화에서 시작된 새로운 전통은 아니다. 다른 고대 종교의 신들도 각자 좋아하는 꽃이 있다. 최초의 화환은 인도의 비너스에 해당하는 한 여신이 천상의 나무로 엮어 인드라의 코끼리 머리를 장식한 것이다. 코끼리는 향기에 취해 증오심을 버렸고, 이에 화가 난 시바는 인드라가 활기를 잃어 신성을 모독했다며 그를 저주하고 지상으로 내던져 버렸다. 그 일로 지상의 모든 식물이 영원한 생명을 잃었다.

그리스와 로마에서는 정원에 신성한 꽃으로 여겨진 장미, 백합, 제비꽃, 아네모네, 백리향, 크로커스, 카밀레, 히아신스, 수선화, 국화, 월계수, 민트 등을 심었다. 월계수와 수선화, 히아신스 등은 님프나 인간이 꽃으로 변한 것이다. 민트는 플루토가 사랑한 요정의 이름이며, 하드리아누스 황제가 죽인 사자의 피에서는 장밋빛 연꽃이 피었다.

인류가 해를 끼친다는 전설이 전해지는 식물에 대한 반감을 극복하고 그것을 이용하기까지는 오랜 세월이 걸렸다. 과거에도 식물의 치료 효과를 연구한 기록은 있지만, 식물의 즙과 탕약의 의학적 효능을 정확하게 관찰하기 시작한 것은 현대에 와서다. 로즈메리에는 약용으로 쓰일 만한 외적인 특징이 없지만, 효과가 있건 없건 그것이 사용된 이유는 분명히 알 수 있다. 로즈메리는 200년 전부터 장례식 조문객과 고인의 가족에게 처방되었다. 향기가 시체 썩는 냄새를 잠재워 주기 때문이다. 열병에 걸린 환자의 방에서 로즈메리를 태우기도 했다. 그것이 로즈메리rosemary가 '성모마리아의 장미rose-of-Mary'라 불린 이유이다. 처음에는 죽은 사람을 기리는 상징물이었으나, 점차 추억을 떠올리게 하는 것으로 의미가 변했다.

독에 대한 연구는 단순하게나마 일찍부터 시작되었다. 많은 식물이 금지된 주문에 사용되었으며, 마술과 악마 숭배도 몇몇 식물 없이는 불가능했다. 투구꽃은 열병을 일으키는 데 쓰였고, 벨라도나를 먹으면 유령을 볼 수 있다고 여겨졌다. 사리풀은 경련을, 우디나이체이드는 피부 발진을 일으킨다. 콜히쿰과 블랙 헬레보어는 신경통을 일으키고 몸을 보기 흉하게 붓게 한다. 브리오니아는 코피를, 좁쌀풀은 류마티즘을 유발한다.

옛 전설은 새롭게 해석되었고, 의미가 일치하는 신화들은 위대한 종교의 시초가 되었다. 초기 창조신화들에는 독사가 지키는 생명의 나무가 자주 등장한다.《구약성서》에 나오는 에덴동산의 선악과나무, 스칸디나비아 신화의 우주를 떠받치는 우주수宇宙樹 Yggdrasil가 대표적인 예다. 기독교는 에덴동산의 나무를 사과나무로 본다. 힌두교는 소마soma, 페르시아에서는 호마homa, 캄보디아에서는 탈록talok이라 부른다. 바쿠스의 포도나무, 헤르메스의 지팡이 커듀시어스, 북유럽 신화집《에다Edda》에 등장하는 덩굴나무, 붓다의 보리수,《구약성서》에 등장하는 선지자 이사야의 무화과나무 등도 예로 들 수 있다.

초기 창조신화에 등장하는 나무 중에는 실존하지 않는 것도 있다. 시베리아 전설에 등장하는 가지 없는 나무는 식물학에 존재하지 않는다. 신이 그 나무에서 가지 9개를 뻗게 했고 그 아래에서 9종족의 시조가 되는 9명의 인간이 태어났다. 동쪽으로 뻗은 가지 5개에 열린 열매는 인간과 짐승을 위한 것이었다. 그러나 서쪽으로 뻗은 가지 4개에 열린 열매는 인간이 손대지 못하도록 개와 뱀이 지켰다. 하지만 뱀이 잠자는 동안 악령 엘릭Erlik이 서쪽 가지에 기어 올라가 금지된 과일을 먹도록 여자를 유혹했다. 여자는 남편과 함께 그것을 나누어 먹었다. 그러나 부부는 곧 자신들의 죄를 깨닫고 몸을 가리고 나무 아래에 숨었다.

인간과 식물의 관계는 저주와 축복의 전설에서도 드러난다. 수많은 종교가 거기에서 탄생했다. 개인이나 마을, 심지어 왕국 전체가 나무의 힘으로 행운이나 불운을 얻은 사례는 이루 다 헤아릴 수도 없다. 윈스터베르크의 오래된 배나무가 시들면 왕국이 멸망한다는 뜻이다. 이 나무가 열매를 맺지 않기 시작한 1806년에 신성 로마 제국을 끝으로 독일 제국이 무너졌다. 그리고 1871년에 갑자기 되살아나 열매를 맺자 독일이 통일되었다.

원시인도 식물의 생명을 가장 영예로운 것으로 여겼다. 다른 모든 생명이 식물에 의존하기 때문이다. 나무는 과일과 약뿐 아니라 목재와 연료, 집과 지붕, 밧줄, 무기, 배 등을 제공한다. 꽃은 계절을 알려 주는 달력이었다. 초기 인류의 도덕규범과 속담에서 나무는 힘과 품위를 상징했다. 인도 브라만은 자신을 자르는 나무꾼에게 그늘을 드리워 주는 참나무와 도끼질에 향기로 보답하는 백단향이 친절을 상징한다고 말한다. 완전한 인간은 적마저도 사랑한다는 의미이다. 세월이 흐르며, 이 이야기를 모태로 나뭇잎이 사람에게 이야기를 들려주는 여러 신화가 더해졌다. 바람에 흔들리는 종려나무가 아브라함에게 신의 목소리를 전해 준 것이 그 예이다. 무함마드는 종려나무를 천국의 나무로 숭배하도록 했다. 이슬람에서는 그때부터 종려나무 열매를 세상 모든 열매의 왕으로 여겼다.

꽃과 요정

꽃은 햇살, 달빛 등과 함께 자연스럽게 요정과 관계된 것으로 여겨져 왔다. 꽃에는 꽃잎으로 옷을 지어 입고 수술로 만든 관을 쓴 '작은 사람들'이 숨어 살고 있다. 요정은 백합 요람이나 버섯 의자에 앉아 가시로 만든 화살을 쏜다. 그리스와 북유럽 신화의 위풍당당한 신들이 자연의 힘을 상징하는 반면, 요정은 자연을 더 부드럽고 앙증맞게 의인화한다. 독을 품은 꽃에는 심술궂은 요정이, 향기로운 꽃에는 친절한 요정이 살고 있다.

나비 날개나 공작 꼬리의 반점을 연상시키는 골무 모양의 꽃 디기탈리스는 요정의 손가락 자국이다. '디기탈리스digitalis'의 어원 'digitus'는 장갑의 손가락을 의미한다. 그 생김새는 디기탈리스가 독액을 분비한다는 경고이기도 하다. 이런 특성 때문에 아일랜드에서는 독사의 무늬를 떠올리며 '사자死者의 골무'라 부른다. 웨일스에서는 '요정의 장갑', 프랑스에서는 '성모의 장갑'이라고 생각한다. 영국의 옛 약초 의학서에는 마녀의 장갑, 요정의 골무, 요정의 모자 등으로 묘사되어 있다. 북유럽에는 새를 잡으러 살금살금 다가갈 때 디기탈리스를 발가락에 끼워 발소리를 줄이라며 여우에게 이 꽃을 주는 나쁜 요정 이야기가 전해진다. 디기탈리스는 그래서

'폭스글러브foxglove'라고도 불린다.

아네모네는 요정의 피난처이다. 폭풍이나 밤이 가까워지면 꽃잎이 말려 올라가 요정을 보호해 준다. 그러나 요정들은 카우스립 꽃 속에 더 자주 머문다. 그럴 때면 어린아이처럼 순수한 사람들은 꿀벌의 콧노래와도 같은 아름다운 음악을 들을 수 있다. 햇살이 꽃을 비출 때가 그런 음악을 듣기에 가장 좋은 때다. 카우스립은 영국에서 열쇠 꽃 또는 베드로 성인의 꽃으로 여겨졌다. 산형화서꽃대의 끝에 여러 개의 작은 꽃자루가 우산살 모양으로 갈라져서 그 끝에 꽃이 하나씩 피는 꽃차례傘形花序로 핀 꽃이 베드로가 가지고 다니던 열쇠 다발을 연상시키기 때문이다. 독일에서는 아직도 카우스립을 '천국의 열쇠'라고 부른다.

별꽃은 요정이 보호하는 꽃이므로 꺾어서는 안 된다. 요정들은 별꽃을 꺾은 사람을 한밤중에 늪이나 잡목 숲으로 이끈다. 중국에는 먹으면 요정이 되어 영원한 젊음을 얻게 된다는 꽃도 있다.

아욱꽃 열매는 요정의 치즈, 독버섯은 요정의 식탁, 그리고 알이 든 둥지처럼 생긴 작은 버섯은 요정의 주머니다. 느릅나무는 요정의 나무이다. 오리나무는 덴마크에서 요정이 가장 좋아하는 나무이다. 한여름 밤 오리나무 아래에 서 있으면 요정의 왕이 궁전을 거니는 모습을 볼 수 있을지도 모른다. 오리나무는 말도 알아듣는다. 베어 버리겠다고 말하면 피눈물을 흘린다.

오리나무와 버드나무는 원래 어부였다. 여신 팔레스가 자신을 찬양하지 않은 죄를 물어 두 사람을 나무로 만들어 버렸다. 지금도 이 나무들은 강둑에서 마치 물고기를 찾는 것처럼 수면 위로 몸을 숙인다. 버드나무는 물고기를 낚으려는 듯 가지를 물속으로 드리우기도 한다.

마약과 각성제

식물의 수액과 즙을 먹고 태워서 연기를 마시는 이유는 영양분을 얻기 위해서만이 아니다. 식물에는 약과 환각 그리고 죽음마저 존재한다. 신경을 마비시키거나 예민하게 만들고, 원기를 북돋게 하거나 부족한 부분을 보충해 주기도 한다. 괴로운 일을 잊게 해 주고 영감을 주어 그것 없이는 불가능했을 일을 가능하게 하기도 한다. 바람에 실려 온 덩굴옻나무 냄새만 맡아도 발진이 생길 만큼 예민한 사람들도 더러 있다. 인도인들은 일부러 덩굴옻나무 잎을 먹어 면역력을 키운다고 한다. 개와 고양이 등 육식동물들은 몇몇 약초를 약이나 각성제로 사용한다.

오클라호마에서 멕시코에 이르는 사막에는 메스칼이라는 선인장이 자란다. 토착민들은 이 선인장의 단추 모양 열매를 말려서 신과 소통한다. 메스칼은 시신경에 작용해 눈을 심하게 비빈 것과 같은 효과를 내 세상이 밝고 변화무쌍한 만화경 같이 보이게 한다. 의사들도 사용을 반대하고 법으로도 금지되어 있지만 메스칼 열매는 여전히 환각제로 사용되고 있다.

마약이나 각성제를 사용하지 않은 민족은 거의 없다. 문명이 발전한다고 마약과 각성제를 적게 사용하는 것도 아니다. 중국인은 아편을, 인디언은 담배를 피웠다. 문명화된 현대인들도 아편, 담배, 술, 차, 커피, 코카인 등에 익숙해져 있다.

아메리카 인디언들은 서양인들이 담배라는 이름조차 들어보기 전부터 흡연을 즐겨 왔다. 인디언은 쾌락을 얻기 위해서뿐만 아니라 계약을 승인하는 절차로서 담배를 피웠다. 최초의 흡연은 담뱃잎을 태운 연기를 파이프를 통해 코로 들이마시는 형태였다.

담배는 커피와 잘 어울리는 기호식품으로 오랫동안 사랑받았다. 커피는 이슬람 수도승 하지 오마르가 1285년 그 용도를 발견하기 훨씬 전부터 아라비아에서 자라고 있었다. 커피열매는 쓰고 딱딱해서 아무도 식용으로 쓰지 않았다. 그러나 이단으로 몰려 추방당한 오마르에게는 커피 열매조차 귀한 음식이었다. 오마르는 연구를 거듭한 끝에 콩을 한 번 볶아서 부드럽게 만들면 훨씬 먹을 만하다는 사실을 발견했다. 향기도 대단히 매혹적이었다. 하지만 그 맛은 여전히 너무나 썼다. 오마르는 볶은 콩을 물에 넣고 끓여 보았다. 그러자 훨씬 더 먹기 편해졌지만 커피보다는 물이 훨씬 더 많이 들어갔기 때문에 음식 대신은 될 수 없었다. 오마르는 어떻게든 다른 음식을 구해 먹고는 디저트로 커피를 마시기 시작했다. 그리고 커피의 놀라운 효능을 깨달았다. 오마르는 이 정도 발견이라면 죄를 용서받고 복권될 수 있으리라는 기대를 품고 커피의 효능을 대중에게 널리 알렸다. 그는 용서받았을 뿐 아니라 성인으로 추앙받기까지 했다.

커피는 전 세계로 퍼져 나갔다. 그러나 16세기 교황청은 이슬람교도들이 예배드릴 때 커피를 마시며 잠을 쫓는다는 이유로 커피가 악마의 음식이며 볶은 커피콩은 불타는 지옥의 석탄이라고 선언했다. 커피의 적들은 5세기경 아라비아 목동이 염소들이 커피 열매를 먹고 악마에게 사로잡힌 것처럼 깡충깡충 뛰어다니는 모습을 목격하고 인간에게 쓰기 시작했다고 주장하기도 했다.

악명 높은 식물들

자바 섬에는 한때 반경 수 킬로미터 내의 동식물을 죽일 정도의 맹독을 내뿜는 나무가 한 그루 있었다. 근처를 지나가는 새마저 죽어서 떨어질 정도였다. 이 나무는 수증기가 가득한 계곡에 홀로 서 있었다. 주위는 희생자들의 뼈로 뒤덮였다. 이 유명한 나무의 이름은 말레이어로 '독'을 뜻하는 '우파Upas'나무이다. 단 한 그루뿐이었던 이 나무는 이제 존재하지 않지만, 같은 종의 뽕나무에 그 이름이 그대로 쓰이고 있다. 우파나무 수액에 생강과 후추를 섞으면 흥분제가 된다. 원주민들은 우파나무 껍질의 섬유질로 옷을 지어 입었는데, 제대로 씻어내지 않고 입으면 극심한 가려움을 느끼게 된다.

멕시코에도 자바 섬의 나무 못지않게 무시무시한 방울뱀 덤불이 존재한다. 방울뱀 덤불에는 독가시가 나 있다. 아마 덤불 옆을 지나가다가 가시에 찔려 죽은 사람과 동물 시체 때문에 그곳에 독사가 있다는 이야기가 나오고 그런 이름이 붙었을 것이다. 향기를 맡으면 반드시 죽는다는 페르시아의 케즈라 꽃도 악명이 높다. 수액과 열매에 독이 있는 열대 아메리카산 만치닐나무에도 호감을 느끼기 어렵다. 이 나무 그늘에서 잠시 휴식을 취했다가는 가지가 내뿜는 공기를 들이마시고 깊고 깊은 잠에 빠지게 된다.

나무는 대체로 주인에게 행운을 가져다준다지만 호두나무만은 예외이다. 호두나무는 근처의 초목을 죽이며, 특히 떡갈나무에 원한이 깊다고 전해진다. 12세기 교황 파스칼리스 2세는 로마에서 호두나무 한 그루를 베어 버리게 했다. 사악한 네로 황제의 영혼이 그 가지에 살고 있다고 믿었기 때문이다. 나무가 있던 자리에는 교회를 지어 악마가 범접하지 못하게 했다. 이 일로 호두나무는 악령을 끌어들인다는 믿음이 생겼다. 비슷한 예로 활의 재료가 되는 주목 또한 오랫동안 건강에 해롭다고 여겨졌다.

마약 아트로핀의 원료인 벨라도나는 악마의 풀이라고 전해진다. 악마와 마녀들은 이 풀을 매우 좋아해서, 마왕과 연회를 벌이는 '발푸르기스의 밤'을 제외하면 마녀들이 1년 내내 손질하고 보살핀다고 한다. 벨라도나 즙을 눈에 넣으면 아트로핀 성분이 동공을 확대시켜 아름답게 보이기 때문에 화장품으로도 쓰였다. 그래서 이탈리아어로 '아름다운 숙녀 bella donna'를 뜻하는 이름으로 불리기 시작했다. 벨라도나는 서양에서 독살에 가장 많이 이용된 풀로도 유명하다. 맥베스가 영국 군대를 중독시킬 때 사용한 것도 벨라도나이다.

마녀들이 연고를 만드는 재료로 쓴다는 사리풀도 맹독

으로 악명 높은 풀이다. 사리풀은 잎과 줄기 등 전체가 털과 선모로 뒤덮여 있어 굳이 만지지 말라고 경고할 필요도 없을 정도이다. 그리스신화에 따르면 망자들은 사리풀로 만든 관을 쓰고 끝없이 삼도천을 헤맨다고 한다.

가문비나무
Spruce

캐나다 브리티시컬럼비아 주의 하이다 인디언들은 물을 잔뜩 머금어 부푼 가문비나무로 그들만의 독특한 돗자리, 모자, 바구니 등을 만들어 쓴다. 그들의 공예품에는 가문비나무에 얽힌 전설을 상징하는 형상이 새겨져 있다.

아버지가 새 장가를 들어 의붓어머니와 함께 사는 자매가 있었다. 두 소녀는 의붓어머니의 학대를 견디다 못해 집을 나가기로 마음을 모았다. 집을 떠나 정처 없이 헤매던 두 소녀는 한 남자를 만나 그의 아내가 되었다. 남자는 두 아내를 극진히 사랑했지만, 자매는 언제부터인가 향수병에 시달리기 시작했다. 그러나 고향에서 너무 멀어졌기 때문에 길을 떠날 엄두가 나지 않았다.

그 지역 부족민들이 숭배하는 정령은 성실하고 마음 착한 자매를 눈여겨보고 있었다. 정령은 자매에게 나타나 가문비나무 껍질을 벗겨 엄지손가락 한 마디만 한 작은 바구니를 두 개 만들도록 했다. 자매는 정령이 시키는 대로 바구니에 말린 고기와 빵 조각을 넣었다. 한 입도 안 되는 양이었지만 음식은 자매가 하루 종일 먹고 싶은 만큼 먹어도 전혀 줄어들지 않았다. 덕분에 자매는 먹을 것 걱정 없이 고향으로 돌아가는 긴 여행길에 오를 수 있었다.
자매가 아버지의 오두막에 도착하자 바구니가 갑자기 부풀어 오르더니 지금까지 먹은 음식을 모두 담을 수 있을 만큼 커졌다. 무게도 엄청나서 온 동네 장정들이 힘을 모으고서야 간신히 집안에 들일 수 있었다. 의붓어머니는 음식을 보고 게걸스럽게 먹어 치우다가 숨이 막혀 죽고 말았다.

가지
Egg-plant

아랍 여성들이 헤나 잎으로 뺨을 붉게 물들였듯이, 일본 여성들은 가지로 치아를 검게 물들였다. 그러나 목적은 서로 달랐다. 헤나는 더 아름다워 보일 목적으로 사용되었지만, 치아를 검게 물들이는 것은 아름다운 얼굴을 오히려 흉하게 망가뜨리는 행동이다. 이것은 젊고 아름다운 부인이 남편의 질투심을 덜어 주기 위해 시작된 전통이다.

먼저 가지 껍질을 벗겨 뜨겁게 달군 쇠로 즙을 내 치아에 바른다. 그런 다음 금속처럼 반짝반짝 빛날 때까지 이를 문지른다. 그렇게 하면 아무리 닦아내도 흉측한 검은 빛이 지워지지 않는다.

이 전통은 황후가 공식 석상에 하얀 이로 나타날 때까지 계속되었다. 백성에게는 황후가 보여 준 모범을 따를 의무가 있었으므로 그 이후로는 아무도 이를 검게 물들이지 않았다.

갈대
Reed

외눈박이 거인족 키클롭스의 우두머리 폴리페모스는 바다의 요정 갈라테이아를 사랑했다. 그러나 몇 번이나 구애해도 번번이 차갑게 거절당하기만 했다. 갈라테이아에게는 따로 사랑하는 사람이 있었다. 폴리페모스는 갈라테이아가 목동 아시스의 품에 안겨 있는 광경을 목격하고 질투심에 사로잡혀 연적을 바위로 내리쳐 죽여 버렸다. 그러자 아시스의 피가 강이 되어 흐르기 시작했다. 갈라테이아는 끝까지 연인의 곁을 떠나지 않고 그 자리에서 서서 갈대가 되었다.

일본의 창조신화는 태초에 하늘과 땅이 갈라지고, 땅에서 갈대의 싹이 피어나며 생명과 흙이 탄생했다고 말한다. 갈대에서는 네 쌍의 신도 태어났는데, 그중 마지막으로 태어난 한 쌍이 하늘의 신 이자나기와 대지의 여신 이자나미이다.

세상은 하늘과 땅으로 나누어졌으나 땅은 아직 형태를 갖추지 못하고 혼돈의 바다 위를 떠돌고 있었다. 이자나기는 아메노누호코라는 이름의 창으로 혼돈의 바다를 저었다. 그러자 거품이 일며 소금물이 뭉쳐 육지가 만들어졌다. 육지에서 물기가 마르자 벼가 뿌리를 내려 동물이 살 수 있게 되었다. 이자나기는 창을 대지 한가운데에 꽂은 채로 두었고 세상은 그 창을 중심으로 회전했다. 이자나기와 이자나미는 결혼하여 태양의 여신 아마테라스를 낳았고, 아마테라스는 세상을 아름다운 꽃으로 뒤덮었다.

개암나무
Hazel

도토리와 비슷한 열매 개암^{헤이즐넛}으로 우리에게 익숙한 나무이다. 열매는 견과류로 식용하거나 말려서 생약으로도 쓰는데, 단백질과 지방이 풍부해 위장을 보호하며 식욕부진, 허약체질, 현기증 등에도 처방한다. 향이 독특해 커피, 아이스크림, 초콜릿 등 제과 재료로도 쓰인다.

개암나무는 북유럽 천둥의 신 토르의 나무로서, 건물과 무덤을 번개로부터 보호한다고 여겨졌다. 또 악마로부터 가축을 지키는 나무로도 알려져 있다. 집을 지을 때 개암나무 기둥을 세 개만 쓰면 화재를 막아 주고, 발푸르기스의 밤 자정에 개암나무 가지를 잘라 주머니에 넣고 다니면 아무리 술에 취해도 구덩이에 빠지지 않는다. 성 요한 축일 전야나 부활절 전 금요일에 개암나무 가지를 꺾어서 집으로 가져오면, 적을 보지 않고도 가지로 적을 후려칠 수 있다. 가지를 휘두르며 적의 이름을 큰소리로 부르기만 하면 상대가 아무리 멀리 떨어진 곳에 있어도 비명을 지르며 펄쩍 뛰어오른다고 한다.

개암나무는 헤르메스의 지팡이 재료라고 알려진 수많은 나무 중 하나이다. 갈라진 가지로 Y자 모양 지팡이를 만들어 양손으로 한쪽씩 잡고 아래로 늘어뜨리면 지팡이 끝이 보물이 숨겨진 곳을 가리킨다. 식물학자 린네는 이 이야기를 믿지 않았다. 그는 풀숲에 돈을 숨겨두고 친구에게 개암나무 가지를 이용해 찾아보도록 했다. 다른 사람들을 시켜 풀숲을 마구 헝클어놓아 숨긴 사람도 돈이 어디 있는지 알 수 없게 해 두었지만 친구는 손쉽게 돈을 찾아내었다고 한다. 개암나무가 지닌 마법의 힘을 믿는 또 다른 식물학자도 비슷한 실험을 해 보았는데, 그는 숨겨둔 돈을 영영 찾지 못했다는 이야기도 전해진다.

개암나무에 얽힌 다소 색다른 전설도 있다. 아담과 이브는 신의 명을 어기고 선악과를 따 먹어 낙원에서 추방당했다. 신은 아담을 불쌍하게 여겨 개암나무 지팡이로 물을 내리쳐 새로운 동물들을 창조할 수 있게 해 주었다. 아담은 유목 생활을 해야 할 자손들을 위해 양을 만들었고, 이브는 서툴게도 양떼 사이에 늑대를 풀어놓고 말았다. 깜짝 놀란 아담이 아내 손에서 지팡이를 빼앗아 양떼를 지킬 개를 만들었다.

글래스턴베리에 세워진 잉글랜드 최초의 그리스도교 교회 건물은 개암나무 가지를 엮어 지었다. 성 패트릭이 아일랜드에서 뱀을 몰아낼 때 휘두른 지팡이도 개암나무였다. 예루살렘으로 향하는 순교자들은 개암나무로 지팡이를 만들어 지니고 다니며, 여정 중에 병에 걸리거나 탈진해서 죽으면 지팡이와 함께 매장된다.
마법사들은 개암나무로 요술지팡이를 만든다. 키르케가 연인을 돼지로 만들 때 쓴 요술지팡이도 개암나무로 만든 것이었다. 모세의 형 아론의 지팡이도 개암나무로 만들었다는 전설도 있다. 스웨덴에서는 말에게 먹일 귀리를 개암나무 가지로 축복한다. 또 그들은 개암나무 열매를 지닌 사람은 투명인간이 된다고 믿었다.

겨우살이
Mistletoe, 크리스마스 장식에 이용하는 덩굴식물

북유럽 신화에 등장하는 사랑과 미와 풍요의 여신 프로이야는 빛과 평화의 신인 아들 발데르를 깊이 사랑했다. 그녀는 불과 물과 공기와 모든 금속과 나무와 풀과 질병과 세상 모든 동물에게 발데르를 해치지 않겠다고 맹세하도록 했다.
아무도 발데르를 해칠 수 없었다. 신들은 장난삼아 발데르에게 창을 던지거나 화살을 쏘는 등 시험해 보곤

했다. 그러나 그 무엇도 발데르에게 상처를 입히지 못하고 바로 앞에서 멈추어 버렸다.

말썽꾸러기 신 로키는 발데르를 시샘해서 그를 해치기로 마음먹었다. 로키는 여자로 변신해 프로이야에게 접근해 아무도 발데르를 해치지 못하는 이유를 물어보았다. 프로이야는 자신이 세상 만물에게 맹세를 받아 낸 이야기를 자랑스럽게 들려주며 그 무엇도 발데르가 피 한 방울 흘리게 할 수 없다고 단언했다. 로키가 물었다.

"아무것도 그를 건드릴 수 없다고요?"

"그래. 아, 그러고 보니 겨우살이를 깜빡하고 넘어갔구나. 하지만 그 녀석은 너무 작고 연약해서 아무것도 해칠 수 없을 테니 걱정할 것 없단다."

로키는 그 말을 듣자마자 숲으로 달려가 가장 튼튼한 겨우살이 가지를 골라 잎과 열매를 떼어 내고 끝을 날카롭게 다듬었다. 그러고는 신들이 발데르의 힘을 시험하는 곳을 찾아가 눈먼 신 호도르에게 말을 걸었다.

"당신은 왜 장난에 끼지 않는 거죠?"

"앞을 볼 수가 있어야 말이지요. 게다가 제 손엔 뭐든 던질 만한 것도 없습니다."

"그렇다고 다들 노는 데 끼지 못한다는 것은 말이 안 되죠. 던질 게 없으면 이 창이라도 한번 던져 보세요."

로키는 그렇게 말하며 끝을 날카롭게 벼린 겨우살이로

만든 창을 건네주고는 발데르 바로 앞까지 이끌어 주었다. 호도르는 로키가 말해 준 방향으로 창을 던졌고, 창은 발데르의 심장을 꿰뚫어 버렸다.

깜짝 놀란 신들이 힘을 모아 발데르를 다시 살려 냈다. 신들은 자초지종을 알아내어 겨우살이를 프로이야에게 데리고 갔다. 아무 죄도 없는 불쌍한 겨우살이는 땅에 발을 딛지 않는 한 절대로 누군가를 해치지 않기로 맹세했다. 겨우살이는 그때부터 땅에 뿌리를 내리지 못하고 다른 나무에 기생하며 살아가게 되었다.

겨자
Mustard

겨자는 인류가 아주 오래전부터 즐겨 사용한 조미료다. 붓다가 설법 중에 예로 든 우화에도 겨자가 등장한다.

아기가 죽어 절망에 빠진 한 부인이 현실을 받아들이지 못하고 집집마다 돌아다니며 아기를 살려 달라고 간청했다. 그러나 죽은 아기를 살릴 수 있는 사람은 마을에 아무도 없었다. 부인은 아기를 안고 마을을 벗어나 한 현자가 은거한 동굴로 찾아가 울먹이며 물었다.
"현자여, 무슨 약을 써야 제 아이가 살아나겠습니까?"
현자가 차분한 표정으로 대답했다.
"아이나 남편이나 부모나 종 가운데 죽은 사람이 한 명도 없는 집에서 겨자 씨앗 한 줌을 얻어 오시오."
부인은 서둘러 마을로 돌아가 아무도 죽은 적이 없는 집을 찾아 헤맸다. 그러나 어느 집이건 아직 살아 있는 사람은 적고 이미 죽은 사람은 수없이 많았다. 부인은 며칠이 지나도록 포기하지 않고 조건에 맞는 집을 찾아다녔다. 그러다가 마침내 아무 소용없는 짓이라는 걸 깨달았다. 생로병사는 자연의 법칙이며, 누구나 누군가와 사별한다. 자기 아이가 죽은 슬픔에만 파묻혀 다른 사람의 아픈 기억을 끄집어내는 것은 이기적인 행동이었다. 그녀의 말을 듣고 죽은 가족을 떠올린 사람들은 하나같이 슬픔에 젖었다.
부인은 죽은 아기를 숲 속에 묻고 현자에게 돌아가서 겨자 씨앗은 찾지 못했지만 그 의미는 깨달았다고 고백했다. 현자가 말했다.
"당신만 아들을 잃었다고 생각했겠지만, 죽음은 모두에게 공평한 것입니다."
인도에서 겨자는 재생을 상징한다. 자식을 보지 못한 농부는 대리석으로 변해 움직이지 못하는 신 바카왈리의 신전 주변에 겨자 씨앗을 뿌린다. 거기서 겨자를 수확해 아내에게 먹이면 아기가 생기는데, 부부는 아기 이름을 바카왈리라고 짓는다. 바카왈리 신이 아기로 태어났다고 믿기 때문이다.

계피
Cinnamon

계피는 계수나무 껍질로 만든 약재이다. 잎으로는 로마 신전을 장식하는 화환을 만든다. 히브리 교회는 이 나무에서 기름을 추출해 성유聖油로 사용했다. 아라비아에서도 이 나무껍질을 매우 귀하게 여겨 오직 사제만이 모을 수 있었다. 사제는 맨 처음 모은 계수나무 껍질 묶음을 태양신에게 바쳐야 했다.

계피는 독사가 사는 계곡에서 많이 발견할 수 있기 때문에 수집하는 사람들은 손과 발을 꽁꽁 싸매서 몸을 보호해야 했다. 어쩌면 귀족들이 서로 맨 살갗을 접촉하지 않는 전통이 여기서 비롯되었는지도 모른다.

곡식
Grains

먼 옛날, 일본의 한 신관은 생쥐 한 마리가 자꾸만 분주하게 오가는 바람에 정신이 사나워 명상에 집중할 수 없었다. 가만히 보니 생쥐는 무언가 먹을 것을 물어 나르고 있었다. 신관은 덫으로 쥐를 사로잡아 다리에 긴 실을 묶은 다음 놓아주었다. 그러고는 쥐가 어디로 가는지 가만히 뒤를 밟아보았다. 생쥐는 신관을 한 번도 가본 적이 없는 곳으로 안내했다. 그곳에는 야생 벼가 무성하게 자라고 있었다. 신관은 벼를 가져다가 이웃에 나누어 주어 경작하게 했다. 그때부터 쌀이 일본인의 주식이 되었다.

북유럽에도 그들만의 전설이 있다. 자비로운 대지의 여신 힐다는 늑대들을 시켜 곡식이 풍부한 들판을 지키게 했다. 그러나 장난꾸러기 신 로키는 아랑곳하지 않고 늑대를 피해 곡식을 훔쳐가곤 했다. 독일 북부 유틀란트 반도 사람들은 농가에 불빛이 아른거리는 걸 보면 로키가 귀리를 심는 중이라고 말한다.

서양에는 새해 첫날 수수를 먹으면 부자가 된다는 속설이 있다. 수수는 주로 가난한 사람들이 먹는 곡식이었음에도 그렇다. 이 속설은 아마도 게르만족의 고대 신앙에서 비롯되었을 것이다. 고대 게르만족은 수수가 폭풍 속의 용이 먹는 음식이라고 믿었다. 그리고 그 색깔 때문에 용이 황금으로 수수를 만든다고 생각했다. 폭풍이 몰아칠 때, 용이 구름 속에 숨어서 붉은색 번개를 떨어뜨리면 그 자리에 황금이 떨어진 것이다. 반면 용이 푸른색 불을 뿜으면 자기가 먹을 수수를 심은 것이다. 고대 게르만족은 황금과 수수는 같은 힘과 과정으로 만들어진 존재이므로 서로 모습을 바꿀 수 있다고 믿었다. 페르시아에서도 비슷한 이야기가 조금 다른 방식으로 전해진다. 용이 하늘에 거주하는 것은 같지만, 거칠게 번개를 떨어뜨리는 대신 부드럽게 무지개를 펼쳐 황금을 살며시 땅에 내려놓는다. 무지개를 끝까지 따라가면 보물을 찾을 수 있다.

전 세계 모든 아이들이 아는 곡식이 하나 있다. 알리바바가 도적단의 보물 창고문을 열 때 외웠던 마법의 주문에 나오는 참깨가 그 주인공이다. 참깨는 죽음의 신이 창조한 곡식으로 인도에서는 망자가 천국에 갈 수 있도록 속죄와 정화 의식에 사용한다. 힌두교 장례 의식이 끝나고 강둑에서 화장을 치르면 친구들이 재와 함께 참깨를 강에 뿌린다. 망자는 참깨를 먹고 저세상으로 가는 긴 여행길에 오를 힘을 얻는다.

국화
Chrysanthemum

기원전 246년, 장차 중국을 통일하고 역사상 가장 잔인한 황제로 이름을 남길 진시황이 13세의 나이로 왕위에 올랐다. 그는 나라 밖 신비의 섬에 먹기만 하면 영원한 생명을 누릴 수 있는 불로초가 있다는 이야기를 들었다. 순수한 마음을 지닌 사람이 꺾어야만 약효가 사라지지 않는다는 약초였다. 당연히 황제 자신이 직접 꺾었다가는 아무 소용도 없을 터였다. 그가 신뢰하는 중신 중 누구라도 마찬가지였다.

그때 왕궁에서 일하는 젊은 의사 하나가 의견을 내놓았다. 어린 소년과 소녀를 각각 300명씩 보내 바다를 건너 약초를 찾아오게 하자는 것이었다. 황제는 그 계획을 승인하고 아이들을 배에 태워 일본으로 보냈다. 그들이 정말로 불로초를 찾아냈는지는 알 수 없다. 원정대는 황제가 죽을 때까지 돌아오지 않았다.

황제의 지배권을 벗어나 신비로운 섬에 발을 디딘 의사가 다른 생각을 품었다는 전설도 있다. 일본에서 국화를 발견한 그는 아이들을 시켜 즙을 내서 자기가 먼저 먹어보았다. 효과를 경험한 의사는 중국으로 돌아가는 대신 일본의 왕을 찾아가 꽃을 바치고 그곳에 눌러앉았다. 그러나 사실 국화는 중국이 원산지이며, 약 2000년 전에 처음으로 일본에 전해졌다. '장미전쟁'을 연상케 하는 '국화전쟁'이 끝난 14세기, 국화菊花는 일본의 국화國花가 되었다. 대량 살상 무기가 없어 56년 동안이나 이어진 내전이었다. 일본에서 국화는 태양을 상징하며, '키쿠'라는 이름으로 불린다. 질서정연하게 펼쳐진 꽃잎은 완벽을 상징한다.

국화는 일본 전역에서 자란다. 그러나 히메지에는 국화를 불길하게 여기는 사람들도 많다. 히메지 성의 영주는 (국화의 일본식 발음 '키쿠'를 연상시키는) 오키쿠라는 사람을 고용해 온갖 보석이며 예술품 등 보물을 관리하게 했다. 그중에는 황금 접시 10개도 있었다. 어느 날 아침 보물을 확인하던 오키쿠는 황금 접시 하나가 없어졌다는 걸 발견했다. 오키쿠는 결백했지만 영주의 분노를 살까 두려워 스스로 우물에 뛰어들어 목숨을 끊었다. 오키쿠는 밤마다 유령이 되어 보물창고로 돌아와 접시를 세어보고는 9개밖에 없다고 크게 소리를 질러대서 사람들을 두려움에 떨게 했다. 겁에 질린 사람들은 오키쿠의 이름을 연상시키는 '키쿠'를 심는 일조차 꺼렸다.

금작화
Broom

금작화의 작은 가지 모양은 '플랜타 제니스타 Planta genista'라 불린다. 그 모양을 문장으로 쓴 영국 중세의 왕가 플랜태지닛 Pantagenet 가문의 이름에서 따온 명칭이다.
그러나 금작화는 그리 영광스러운 꽃이 못 된다.
제자 유다에게 팔려가기 전날 밤 겟세마네 동산에서 기도하던 예수는 금작화가 내는 타닥타닥하는 소리에 방해를 받았다. 소리는 유다가 창과 칼로 무장한 병사들을 이끌고 모습을 드러낼 때까지 계속되었다.
예수가 금작화를 보고 말했다.
"너는 언제나 지금처럼 소리를 내며 불에 탈 것이다."
헤롯왕에게 성모마리아와 아기 예수의 은신처를 알려준 것도 금작화와 이집트콩이었다. 싸리 빗자루가 되어 항상 바닥을 쓸고, 금작화의 꽃말이 '겸손'이 된 데에는 이런 이유가 있다. 마녀가 밤에 멀리 여행을 떠날 때 타고 날아가는 빗자루도 금작화 가지로 만든다.

기나나무
Cinchona

남미산 기나나무 껍질에서 추출하는 퀴닌은 오랫동안 강장제이자 말라리아의 특효약으로 사랑받고 있다. 전설에 따르면 그 약효는 아주 우연히 발견되었다. 페루의 한 마을에서 세찬 바람에 부러진 기나나무 한 그루가 사람들이 이용하는 저수지에 빠졌다. 덕분에 물맛이 아주 쓰게 변해 버렸다. 사람들은 다른 수원을 찾아 그곳에서 물을 길어다가 마셨다.

그러던 어느 날 한 사람이 열병에 걸려 심한 갈증을 느끼고 물을 찾아 헤매다가 기나나무가 빠진 호숫가에 닿았다. 그는 고개를 처박고 허겁지겁 물을 마셨다. 그러자 즉시 열병이 차도를 보였다. 그는 사람들에게 달려가서 호숫물에 열병을 치료하는 효능이 있다고 알렸다. 소문은 널리 퍼져서 백작부인의 귀에까지 들어갔다. 백작부인은 사람을 보내 원인을 조사하고, 기나나무 껍질을 벗겨 효능을 연구하게 했다. 그렇게 개발된 퀴닌은 '백작 부인의 가루약 countess' powder'라는 이름으로 유럽에 전파되었다.

길레아드 발삼나무
Balm of Gilead

길레아드는 고대 요르단 강 동쪽 지역을 일컫는 지명이다. 그곳에서 자라는 발삼나무 수액을 말려서 만든 약재인 유향은 고대로부터 상처를 치료하거나 습진 및 건성 피부 치료제로 쓰였다. 예수가 태어났을 때 동방 박사 세 사람이 황금, 몰약과 함께 예물로 바쳤을 정도로 귀하게 여겨졌다.

유향은 구약 성서 시대에도 매우 귀한 상품이었다. 요셉의 형들은 아버지 야곱이 요셉만 편애하자 질투에 사로잡혀 그를 이집트에 노예로 팔아 버린다. 요셉을 사간 상인들은 길레아드에서 유향을 사서 이집트로 돌아가는 길이었다. 요셉은 훗날 이집트의 총리가 되었다. 그가 뛰어난 수완을 발휘하여 큰 흉년이 들었을 때도 이집트에만은 식량이 풍부했다. 야곱은 식량을 구해 오라며 요셉의 형들을 이집트에 보냈다. 그들이 이집트 총리에게 바치려고 준비했던 예물도 유향이었다.

고대인들은 유향의 효능을 지나치게 맹신했다. 손가락에 유향을 바르면 불에 집어넣어도 전혀 아프지 않다고 믿었을 정도였다.

동양에서는 유향이 주로 미용에 쓰였다. 목욕물에 유향

을 넣으면 모공에 쌓인 노폐물이 빠져나오고 피부가 향기를 머금는다. 또 전염병을 예방하는 데도 매우 효과가 좋다고 여겨졌다.

낙엽송
Larch

집 주위에 낙엽송을 심어 두고 가지를 태우면 뱀을 쫓을 수 있다. 그러나 낙엽송은 불에 잘 타지 않는다. 그래서 로마인들은 이 나무로 다리를 건설했다. 20미터 정도 되는 깊이의 바다에 담갔던 낙엽송 목재로 건조한 배는 바다에 단련되어 절대로 불에 타지 않는다는 속설도 있었다. 프랑스 사람들은 낙엽송 수액으로 우리가 흔히 씹는 껌과 조금 다른 껌을 만든다. 등산가들은 이 껌을 씹어 이빨을 보호한다. 마녀들은 이 껌과 바실리스크의 피, 독사 껍질, 불사조 깃털, 도롱뇽 비늘을 비롯해 당시에는 지금보다 훨씬 더 흔했던 몇몇 재료를 넣고 자정에 스튜를 끓여서 누군가를 저주하는 데 사용했다.

난초
Orchid

오르키스Orchis는 사티로스와 요정 사이에서 태어난 아들이었다. 그는 사티로스의 피를 이어받은 청년답게 대단히 정열적이었다. 오르키스는 주신酒神 바쿠스의 축제 때 술을 마시고 욕망을 주체하지 못해 여사제들을 덮쳤다. 그러자 화가 난 신도들이 한꺼번에 달려들어 그의 사지를 갈기갈기 찢어 버렸다.
오르키스의 아버지는 조각난 아들을 다시 하나로 합쳐 달라고 신들에게 빌었다. 그러나 신들은 오르키스의 평소 행실을 들어 차갑게 거절했다. 아버지는 아들이 살아 있는 동안에는 결코 충족할 수 없는 욕망 때문에 골칫거리였으나, 이제 죽었으니 만족스러울 것이라며 신들을 졸라 댔다. 신들은 그 말에도 일리가 있다고 여겨 그의 사지를 모아 꽃이 되게 해 주었다. 난초는 절제의 상징이지만, 고대 그리스 사람들은 난초 뿌리를 먹으면 한순간 사티로스처럼 욕망을 주체할 수 없게 된다고 믿어 최음제로 쓰기도 했다.

느릅나무
Elm

느릅나무 껍질은 한방에서 약재로 쓰기도 하고 봄에는 어린잎을 먹기도 하지만 열매는 먹을 수 없다. 고대인들은 죽음의 신이 이 나무를 보호한다고 믿고 버드나무와 함께 장례식에 사용했다. 뉴욕 주에 살던 인디언 이로쿼이족은 느릅나무로 진통제를 만들고, '잠을 잔다'는 뜻으로 '우후스카'라고 불렀다.
그리스신화는 시인 오르페우스가 이 나무를 창조했다고 말한다. 오르페우스는 아름다운 님프 에우리디케와 사랑에 빠져 그녀를 아내로 맞았다. 그러나 에우리디케는 독사에게 발목을 물려 세상을 떠나고 말았다. 오르페우스는 명계冥界. 사람이 죽은 뒤에 간다는 영혼의 세계로 내려가 아폴론에게 전수받은 하프 솜씨로 하데스를 감동시켜 아내를 데려가도 좋다는 허락을 받아 냈다. 그러나 오르페우스가 지상으로 돌아가는 동안 절대로 아내를 돌아봐서는 안 된다는 약속을 어기는 바람에 에우리디케는 명계로 되돌아가고 말았다. 슬픔에 젖은 오르페우스는 밤낮으로 하프를 연주하며 보냈다. 그 소리를 들은 대지는 새로운 생명을 낳았고, 그것이 자라 느릅나무가 되어 푸르게 우거졌다.

오르페우스가 아니라 꿈의 신 모르페우스의 나무라는 설도 있다. 꿈들이 느릅나무 주위를 맴돌거나 가지에 내려앉아 기다리다가 나무 아래에 누워 낮잠을 자는 사람에게 악몽을 선사한다.

북유럽 신화는 느릅나무를 죽음이 아니라 탄생과 관련짓는다. 느릅나무와 물푸레나무로부터 최초의 여자 엠블라와 최초의 남자 아스크가 탄생했다는 것이다.

어떤 꽃이나 나무 등이 인간의 목숨을 좌우한다는 미신은 드물지 않다. 아일랜드 더블린 근처 호스 성城의 거대한 느릅나무도 그중 하나이다. 사람들은 이 나무에서 가지가 하나 떨어질 때마다 호스 성 영주가 목숨을 잃으며 나무가 죽으면 가문의 대가 끊긴다고 믿고 가지가 썩어서 부러질 것 같으면 버팀목으로 고정하는 등 오랫동안 세심하게 보살폈다.

능수버들
Tamarisk

이집트 풍요의 신 오시리스와 그의 누이동생이자 아내인 이시스는 지상으로 내려와 농사짓는 법을 가르쳐주는 등 인류를 더 나은 삶으로 이끌었다. 사람들이 두 신의 은혜에 감사하며 숭배하자 오시리스의 동생이자 악의 신인 세트는 질투심을 품고 형을 살해할 계획을 세웠다.

세트는 값비싼 나무로 오시리스 키에 딱 맞는 상자를 하나 만든 다음 사람들을 초대해 축제를 열었다. 세트는 축제가 절정에 오르기를 기다렸다가 사람들에게 아름다운 상자를 보여 주고는 누구든지 이 상자와 키와 몸집이 가장 비슷한 사람에게 그것을 주겠다고 말했다. 여러 사람이 들어가 보았지만 오시리스의 키와 몸집에 맞추어 만든 상자이다 보니 딱 들어맞을 수는 없었다. 마침내 오시리스의 차례가 돌아왔다. 세트는 오시리스가 상자에 몸을 눕히자마자 달려들어 뚜껑을 닫고 못을 박은 다음 나일 강에 던져 버렸다.

이시스는 슬피 울며 매일같이 남편을 찾아다녔다. 상자는 페니키아의 항구도시 비블로스까지 떠내려가 능수버들 가지에 걸렸다. 능수버들은 오시리스의 몸이 발하는 신성한 열기 덕분에 놀라운 속도로 자랐다. 그 와중에 상자가 나무줄기 속으로 파고들어 가 버리고 말았다. 누군가 그 나무를 나쁜 일에 쓸지도 모른다고 생각한 페니키아 왕은 먼저 베어서 자기 궁전의 기둥으로 삼아 버렸다.

남편을 찾아 페니키아까지 간 이시스는 왕의 기둥 속에서 남편의 존재를 느꼈다. 이시스는 벼락을 떨어뜨려 기둥을 반으로 쪼개어 남편의 몸을 되찾아 숨겨 두었다. 그러나 눈치 빠른 세트가 밤을 틈타 시체를 훔쳐가서는 14조각으로 잘라 또다시 강에 던져 버렸다.

다음 날 아침에야 그 사실을 눈치 챈 이시스는 강을 샅샅이 뒤져서 남근을 제외한 13조각을 되찾았다. 이시스는 단풍나무로 부족한 부분을 보충해 남편의 모습을 복원한 다음 매장했다. 오시리스가 죽자 세트가 지상을 지배했다. 이시스가 끝내 찾아내지 못한 나머지 한 조각에서 새 생명을 얻은 오시리스는 지하 세계를 지배하게 되었다.

다크
Dhak

다크는 꽃에서 적색 염료를 채취하는 인도산 콩과의 나무이다. 인도 사람들은 이 나무가 번개에서 태어났다고 믿는다. 인도 동부에서는 이 나무로 양떼를 축복해 젖과 털이 풍부해지기를 기원한다.

힌두교 신들이 이 나무에서 영원한 생명을 주는 꿀 소마를 얻는다는 설도 있다. 《베다》인도 바라문교 사상의 근본 성전이며 가장 오래된 경전에는 악마의 손에서 소마를 훔쳐 달아나던 매의 깃털이 떨어져 이 나무가 되었다고 기록되어 있다. 화가 난 악마가 쏜 화살에 깃털이 떨어져 뿌리를 내리고, 목마른 신들의 갈증을 달래주는 나무가 되었다. 붉은 수액과 꽃은 성스러운 불을 상징하며, 깃털을 떨어뜨린 매가 신성한 존재였으므로 거기에서 태어난 나무 또한 신성하게 여겨진다.

딱총나무
Elder

음습한 산골짜기에 숨어 자라는 딱총나무는 초자연적인 힘을 숨기고 있다는 인상을 준다. 옛사람들은 딱총나무에 영혼이 깃들어 있어서 나무에 해를 끼치면 재앙이 되어 돌아온다고 믿었다.

딱총나무의 영문 이름 'elder'는 북유럽 신화 속 모든 요정의 어머니인 '힐다Hilda'에서 따왔다. 덴마크에서는 힐다가 딱총나무 뿌리 속에 산다고 믿고 이 나무를 그녀의 상징으로 삼았다. 이 나무로 지은 집에 살면 보이지 않는 손이 자꾸만 다리를 잡아당기는 기분을 느낀다고 한다. 웨일스에서는 딱총나무가 사람이 피를 흘린 땅에서만 자란다고 믿는다.

딱총나무에는 특별한 용도가 있다. 1월 6일 밤, 딱총나무 가지를 꺾고 나무에게 허락을 구한다. 대답이 없으면 침을 세 번 뱉는다. 꺾은 가지를 가지고 아무도 없는 곳에 가서 마법진magic circle을 그리고, 주위에 특정 꽃과 산딸기 등을 늘어놓은 다음 한가운데에 선다. 이제 당신에게 강력한 힘을 줄 악마를 소환할 준비가 끝났다. 그날 밤만은 악마도 자유롭게 다닐 수 있지만, 선량한 신 힐다의 주문을 피할 수는 없다. 힐다의 지팡이로 가리키기만 하면 악마를 복종시킬 수 있다.

딱총나무는 치통을 치료하고, 집에 뱀과 모기와 사마귀 등 해로운 것들이 침입하지 못하도록 지켜 주고, 마음을 진정시켜 주고, 발작을 막아 주고, 금속 식기에서 독성을 제거해 주고, 가구 온도를 따뜻하게 유지해 주며, 이 나무를 기르는 사람이 자기 집에서 편안하게 죽음을 맞게 해 준다. 무덤에 딱총나무로 십자가를 만들어 꽂았는데 거기에서 잎이 자라고 꽃이 피면 망자가 아름다운 사람이었다는 뜻이다. 꽃이 피지 않으면 망자에 대한 평가를 보류해야 한다.

단풍나무
Maple

전설적인 북미 인디언 영웅 마나보조 또는 하이어워사, 글루스캅 등는 수많은 식물과 밀접한 관계가 있다. 그는 자작나무 껍질에 무늬를 넣었고, 사랑스러운 장미가 다른 동물들에게 먹히지 않도록 가시를 주었다. 거인들로부터 담배를 훔쳐 와 사람들에게 전해 주고, 그가 흘린 피는 고리버들을 붉게 물들였다. 단풍당도 마나보조가 자기 부족민들을 위해 만들어 낸 것이다.

단풍당maple sugar은 한 인디언 여성이 이른 봄 사슴고기를 요리하다가 우연히 발견했다는 이야기도 있다. 그녀는 물을 길으러 멀리까지 가기 싫어서 물 대신 단풍나무 수액을 냄비에 채워 넣고 불에 올렸다. 그런 다음 이웃사람과 잡담을 나누고 돌아와 보니 너무 끓어서 수액은 모두 날아가 버리고 사슴고기는 끈적끈적해져 있었다. 보기만 해도 식욕이 싹 달아날 지경이었다. 이런 음식을 식탁에 올렸다가는 남편에게 두들겨 맞을 게 뻔했다. 그때 마침 문밖에서 남편 발소리가 들리자 혼비백산해서 뒷문으로 도망쳐 버렸다.

그녀는 한참 방황하다가 저녁 늦게 돌아와 몰래 움막을 들여다보고는 깜짝 놀랐다. 남편은 불가에 앉아 딱딱하게 굳은 고기를 게걸스럽게 뜯어 먹으며, 손가락에 묻은 끈적이는 갈색 액체를 열심히 핥고 있었다. 어쩌면 용서받을 수도 있겠다는 생각이 든 아내는 용기를 내어 움막 안으로 들어갔다. 남편은 아내를 보자마자 달려와 와락 끌어안으며 그녀가 개발한 음식을 크게 칭찬했다.

헝가리에는 단풍나무로 만든 피리를 훌륭하게 연주하는 목동을 사랑한 한 공주의 비극이 전해진다. 연로한 왕은 그해 처음 열린 딸기를 가장 먼저 한 바구니 따서 가져오는 딸에게 왕국을 물려주기로 했다. 공주는 두 언니와 함께 들판에 나가서 가장 먼저 바구니를 가득 채웠다. 샘이 난 언니들은 막내를 죽여서 단풍나무 아래에 묻고 딸기를 나누어 가졌다. 그러고는 아버지에게 동생이 사슴에게 잡아먹혔다고 거짓말을 했다.

무슨 일이 벌어졌는지 꿈에도 모르는 목동은 여느 때와 같이 언덕에 올라 단풍나무 피리를 연주했다. 그러나 아무리 열심히 불어도 공주는 모습을 드러내지 않았다. 다음 날도, 그 다음 날도 마찬가지였다. 사흘째 되는 날, 목동은 매일 보던 단풍나무에 새로 훌륭한 가지가 하나 뻗어 나온 것을 보았다. 목동은 더 훌륭한 연주를 들려주면 공주도 마음을 돌리지 않을까 하는 기대로 가지를 잘라 정성스레 피리를 만들었다. 피리를 완성한 목동이 입술을 가져다 댔다. 그러자 피리 소리 대신 공주의 목소리가 들려왔다.

"사랑하는 이여, 저를 연주해 주세요. 저는 한때는 공주였으나 단풍나무 가지가 되었고, 이제는 피리가 되었답니다."

목동은 소스라치게 놀라 피리를 들고 왕에게 달려갔다. 이야기를 들은 왕은 반신반의하면서도 피리에 입술을 대어 보았다. 그러자 꿈에 그리던 막내딸의 목소리가 들려왔다.

"아버지, 저를 연주해 주세요. 저는 한때는 공주였으나 단풍나무 가지가 되었고, 이제는 피리가 되었답니다."
왕은 슬픔에 젖어 한참 통곡하고는, 사슴이 막내를 물어 갔다고 거짓말한 사악한 두 딸을 불러 피리를 입술에 대어 보게 했다. 언니들이 입술을 가져다 대자 피리가 말했다.
"살인자들이여, 저를 연주해 주세요. 저는 한때는 공주였으나 단풍나무 가지가 되었고, 이제는 피리가 되었답니다."
왕은 끔찍한 범죄를 저지른 두 딸을 왕국에서 쫓아냈다. 목동은 피리를 가지고 떠나 사랑하는 이의 목소리를 들으며 홀로 살아갔다.

달리아
Dahlia

달리아는 스웨덴 식물학자 달Dahl이 품종개량과 재배에 큰 공을 세워 붙여진 이름이다.
나폴레옹 1세의 첫 번째 황비 조세핀은 서인도 제도 마르티니크 섬에서 태어났다. 마르티니크 섬은 달리아의 원산지인 멕시코와 가까웠지만 조세핀은 프랑스에 가서야 이 꽃을 처음으로 보았다. 나폴레옹과 조세핀이 거주하던 파리 교외 말메종 성에는 달리아가 가득했다. 조세핀은 이 꽃을 매우 좋아해서 손수 가꾸고 돌보았다. 하루는 조세핀이 여러 왕족과 귀족들을 성에 초대해 정원을 자랑하면서도, 꽃과 씨앗과 구근을 절대로 밖으로 가지고 나가지 못하게 했다. 그러나 폴란드 왕자가 정원사에게 뇌물을 주고 수백 송이를 꺾어오게 해 달리아는 곧 어디에서나 볼 수 있는 꽃이 되었다. 조세핀은 몹시 화를 내며 그 뒤로 달리아를 기르지 않았다.

대마
Hemp

마 또는 삼이라고도 불리는 이 식물은 중앙아시아가 원산지이며 열대 및 온대 지방에서 섬유 식물로 널리 재배된다. 대마 줄기의 섬유는 삼베, 밧줄, 그물 등의 재료로 쓰인다. 서양에서는 '삼베 늘어뜨리기to stretch hemp'라는 말로 교수형을 에둘러 표현하며, 불길한 징조를 나타내는 식물로 여긴다.

그러나 소녀들에게는 대마가 매우 친근한 식물이다. 미래의 남편이 어떤 사람인지 미리 보여 주기 때문이다. 시집 안 간 처녀들이 밤에 교회 주위에서 대마 씨앗을 흩뿌리며 "대마 씨앗을 심었다. 내가 대마 씨를 심었다. 나를 가장 사랑해 줄 남자가 와서 수확하라"라고 주문을 외운다. 그런 다음 어깨너머로 돌아보면 유령 같은 모습을 한 남자가 낫을 들고 자기를 쫓아오는 모습이 보인다. 미래의 남편감은 처녀가 지나간 자리에 역시 유령처럼 희미하게 자란 대마를 열심히 수확한다.

대마 잎과 꽃에는 마취 물질이 들어 있어서 먹거나 연기를 마시면 환각을 경험하고 의존성이 생긴다. 아라비아 사람들은 대마를 이용해 환각에 빠지면 멀리 떨어진 곳에 있는 사람의 목소리를 듣고 생각도 읽을 수 있다고 믿었다.

도금양
Myrtle

　　도금양은 상록관목_{사철 내내 잎이 푸른 관목}으로 수많은 시와 신화 속에서 월귤나무, 산앵두나무, 월계수 등과 같은 나무로 취급한다. 도금양은 상록수인 까닭에 고대 그리스에서 불멸을 상징했다. 로마는 도금양을 사랑의 나무로 보고 경건한 의식에는 사용하지 않았다. 순결과 풍요의 여신 보나 데아의 축제가 다가오면 장식과 치장에 모든 꽃과 나무를 다 사용하면서도 오직 도금양만은 사용하지 않았다. 정욕을 부추긴다고 생각했기 때문이다. 도금양은 헤르메스의 아들 미르틸로스Myrtilus가 변한 나무이다. 미르틸로스는 피사의 왕 오이노마오스의 마부였다. 오이노마오스에게는 히포다메이아라는 아름다운 딸이 있었다. 누구든 왕과 이륜마차 경주를 해서 이기면 공주와 결혼하고, 지면 목숨을 내놓아야 했다.
제우스의 손자이자 탄탈로스의 아들인 펠롭스는 히포다메이아를 사랑했지만 신마神馬가 끄는 오이노마오스의 이륜마차를 상대로 경주에서 승리할 수는 없었다. 그래서 그는 자기가 왕이 되면 피사 왕국의 절반을 주고 히포다메이아와 첫날밤을 치르게 해 주겠다며 미르틸로스를 매수했다. 꼬임에 빠진 미르틸로스는 왕을 배신해 이륜마차의 쐐기를 뽑고 그 자리에 밀랍을 채워 넣었다. 덕분에 오이노마오스는 마차가 뒤집혀 죽고, 펠롭스가 경주에서 이겨 히포다메이아를 아내로 맞았다. 그러나 왕이 된 펠롭스는 약속을 지키기는커녕 미르틸로스를 바다에 던져 버렸다. 바다는 미르틸로스를 삼키지 않고 해변으로 뱉어 냈다. 신들은 큰 죄를 지었지만 그 자신도 배신당해 비참한 최후를 맞은 미르틸로스를 동정해 그곳 해변에서 도금양이 되게 해 주었다.

비너스가 도금양을 창조했다는 이야기도 있다. 비너스는 해적들에게 잡혀가는 한 소녀를 구해 자기 신전을 지키도록 했다. 소녀는 감사하는 마음으로 비너스 신전에서 열심히 일했다.

그러던 어느 날 우연히 자기를 납치했던 해적 중 한 명을 보았다. 해적들 때문에 강제로 가족과 헤어지게 된 소녀는 복수심에 불탔다. 그녀는 연인에게 부탁해서 그 해적을 칼로 찔러 죽였다. 비너스는 자기 신전을 지키는 여사제가 살인을 저지른 것에 격분해 연인은 끔찍한 병에 걸리게 하고 소녀는 도금양 나무로 바꾸어 버렸다.

트로이의 영웅 헥토르의 자손이자 샤를마뉴 대제의 기사인 로게로는 원래 무어인이었으나 여기사 블라다만테와 사랑에 빠져 기독교로 개종했다. 로게로를 키운 마법사 아틀란트는 그를 되찾으려고 깊은 산 속에 성을 짓고 그를 가두어 버렸다. 그러나 블라다만테가 모든 마법을 풀어 주는 안젤리카의 반지를 이용해 아틀란트를 죽이고 연인 로게로를 구출했다. 두 사람은 말의 몸에 독수리 머리와 날개가 달린 히포그리프를 타고 돌아오려고 했다. 그러나 히포그리프는 로게로가 올라타자마자 블라다만테를 두고 그대로 멀리 날아가 버렸다.

히포그리프는 로게로가 한 번도 가본 적이 없는 해변으로 그를 데려갔다. 로게로는 투구와 방패, 무기를 내려놓고 도금양에 히포그리프를 묶어 둔 다음, 방치된 지 오래된 정원 한구석에 있는 거품이 이는 샘물로 갈증을 달랬다. 그때 도금양이 말을 걸어왔다.

"이 정도면 충분히 고통받은 것 아닙니까? 이런 무례함을 얼마나 더 견뎌야 하나요?"

로게로가 서둘러 히포그리프를 풀어 주며 대답했다.

"당신이 사람이건 나무이건 아니면 다른 무엇이건, 제 실수를 용서해 주십시오. 잘못을 되돌릴 수만 있다면 무엇이든 하겠습니다."

나무가 껍질에서 끈적끈적한 눈물을 흘리며 다시 입을 열었다.

"저는 한때 가장 용감한 기사로 명성을 떨치던 프랑스 성기사 아스톨포라고 합니다. 우리 기사단은 동방 원정에서 돌아오는 길에 무서운 요정 알치나의 성에 묵었습니다. 처음에는 즐거웠지요. 그러다가 우리에게 싫증이 났는지 저를 이렇게 도금양으로 만들어 버렸습니다. 향나무가 된 동료도 있고 올리브나무가 된 사람도 있습니다. 풀과 바위와 동물로 변해 버린 사람도 있고요. 당신도 이렇게 될 수 있으니 부디 조심하십시오."
로게로는 간담이 서늘했지만, 알치나를 만나자 미모에 넋이 나가 아스톨포의 경고를 까맣게 잊어 버렸다. 그는 황금과 다이아몬드로 화려하게 치장된 알치나의 궁전에서 환락에 빠져 지내다가 결국에는 마법에 걸려 도금양이 되고 말았다. 그러나 로게로는 모든 마법을 풀어 주는 안젤리카의 반지를 가지고 있었다. 얼마 후 사람으로 돌아온 로게로는 방심한 알치나를 죽여 복수하고 기사단원들을 구출했다.

돼지풀
Ragweed

잉글랜드 남서부 콘월 지방 들판에 밤늦게까지 남아 있을 용기만 있다면 색다른 경험을 할 수 있다. 바람이 강하게 불고 구름이 어지럽게 달을 가리는 날 밤에 들판에 서 있으면 회색빛 뿌연 그림자가 황야에 스며드는 광경을 목격하게 된다. 바로 돼지풀을 모으는 마녀들이다. 마녀들은 튼튼한 줄기로 다발을 만들고 그 위에 다리를 벌리고 앉아 구름보다 빨리 언덕 위로 날아간다. 조용히 뒤를 밟아보면 마녀들이 언덕 위에 모여 춤을 추고 노래하며 독이 든 수프를 끓이고, 이웃에 질병과 가난과 불운과 죽음을 가져오는 주문을 외우는 모습을 볼 수 있다. 마녀의 뒤를 밟을 때는 묵주를 지니고 무꽃으로 왕관을 만들어 쓰는 게 좋다. 자기들을 몰래 훔쳐보고 있다는 걸 눈치 채면 마녀들이 무슨 해코지를 할지 모르기 때문이다.

로즈메리
Rosemary

꿀풀과에 속하는 다년생 식물 '로즈메리 rosemary'는 이름에서 연상되는 바와 달리 장미도 아니고 성모 마리아와도 직접적인 관계가 없다. 지중해 연안 해변에 자생하기 때문에 '바다의 이슬'을 의미하는 라틴어 'ros marinun'에서 따온 이름이다.

로마인들은 장례식이나 종교의식 또는 귀한 손님을 맞는 연회를 벌일 때 로즈메리로 화관을 만들었다. 로즈메리를 태운 연기로 가축을 정화하기도 했다. 또한 그들은 로즈메리의 독특한 향기에 시체가 썩지 않도록 보존하는 힘이 있다고 믿었다. 푸른 잎은 불멸의 상징이었다. 그런 이유로 무덤가에 많이 심었다. 잉글랜드 북부에도 장례식 때 관 위로 로즈메리를 던져 주는 전통이 있다.

소녀들은 로즈메리로 미래를 점칠 수 있다. 막달라 마리아 축일 7월 22일 전날 밤, 젖빛 유리잔에 와인, 럼주, 진, 식초를 탄 물을 담고 로즈메리 잔가지를 적신다. 한 소녀가 이 과정을 수행하는 동안 만 21세가 넘지 않은 다른 소녀 둘이 지켜보아야 한다. 소녀들은 가지를 가슴 속에 단단히 품은 채로 용액을 딱 세 모금씩 마신다. 그런 다음 셋이 한 침대에 누워 잠을 청한다. 침대에 들어간 다음에는 한마디도 해서는 안 된다. 그러면 궁금했던 미래가 꿈속에 펼쳐질 것이다.

마저럼
Marjoram

마저럼은 독성이 전혀 없는 희귀한 풀이다. 향이 매우 강해 예로부터 향신료로 쓰였으며, 소독 효과가 있다고 여겨져 환자가 자는 방이나 장례식을 치르는 교회를 장식하기도 했다.

그리스와 로마에서는 사랑의 신 비너스가 만든 꽃이라 하여 결혼식 화환으로 쓰였다. 키프로스 섬에서는 왕의 시종이었던 아마라코스라는 청년이 향수 항아리를 옮기다가 실수로 떨어뜨려 깨뜨린 일에서 마저럼의 기원을 찾는다. 아마라코스는 왕에게 벌을 받을 일이 너무나 두려워서 그만 하얗게 질린 채 죽고 말았다. 신들은 아마라코스를 불쌍하게 여겨 그의 무덤에서 향수보다 더 향기가 짙은 마저럼이 자라게 해 주었다.

망고
Mango

먼 옛날 인도의 한 왕이 천국에 드나들 수 있는 신령한 까치를 기르고 있었다. 어느 날 까치가 천국에서 씨앗을 하나 물어다 주며 말했다.
"이 씨앗을 심으세요. 나무에서 열리는 과일을 먹으면 영원한 생명을 얻을 수 있답니다."
왕은 까치가 말해 준 대로 씨앗을 땅에 심었다. 시간이 지나자 푸른 잎과 탐스러운 열매가 무성하게 열린 망고나무가 자랐다. 왕은 가장 먹음직스러워 보이는 열매 하나를 골랐다. 그러나 그 열매에는 독이 묻어 있었다. 독수리가 독사를 낚아채 둥지로 날아가던 중 떨어진 독한 방울이 우연히 바로 그 열매에 떨어진 것이다. 왕은 어쩐지 불길한 예감이 들어 나이 든 시종에게 열매를 먼저 먹어 보라고 시켰다. 시종은 독이 묻은 열매를 먹고 고통스럽게 신음하며 죽었다. 왕은 머리끝까지 화가 나서 불길한 씨앗을 물어 온 까치를 잡아다가 목을 비틀어 버렸다. 그 이후로 오랫동안 아무도 감히 망고나무를 건드릴 엄두조차 내지 못했다.
그러던 어느 날 한 노파가 망고나무로 찾아왔다. 아들과 며느리의 학대를 견디다 못해 스스로 목숨을 끊기로 결심한 것이다. 그러나 망고 열매를 먹자 죽기는커녕 마치 시간을 되돌린 듯 가장 아름답던 시절로 되돌아갔다. 이 놀라운 소식은 순식간에 나라 전체로 퍼져 나갔다. 소문을 들은 사람들이 구름같이 몰려와 너도나도 망고 열매를 따 먹고 젊음을 되찾았다.

왕은 끝까지 망고 열매를 먹지 않았다. 그는 순간의 혈기를 누르지 못하고 영원한 생명을 주는 망고나무 씨앗을 물어 온 충직한 까치를 죽였다는 죄책감에 시달리다가 결국 스스로 목숨을 끊고 말았다.

힌두교에는 가지마다 풍성하게 열매를 맺은 망고나무를 통해 삶의 태도를 비유적으로 설명하는 이야기가 전해진다. 흑색인은 도끼로 나무를 베고 청색인은 가지를 꺾어 간다. 적색인은 열매를 모조리 모아 가고, 황색인은 가지에서 잘 익은 열매를 골라서 따 먹는다. 그리고 백색인은 나무에서 떨어진 과일을 주워 간다. 도끼를 휘두르는 흑색인은 파괴를 일삼는 정복자 또는 범죄자를 상징한다. 청색인은 자기밖에 모르는 이기주의자이지만 흑색인에 비하면 죄가 가벼운 편이다. 적색인은 나무를 해치진 않지만 역시 지나치게 탐욕스러워서 가능한 한 많이 가지려 한다. 현명하고 온화한 황색인은 자기에게 필요한 만큼만 가져가고 남들 몫을 남겨 둔다. 그러나 백색인은 남들이 거들떠보지도 않는 자투

리만 거두어 가며 최소한으로 만족하는 삶을 살아간다. 허기를 달래기에도 부족한 양이지만, 그들이 먹는 열매 한 알보다 달콤한 것은 세상에 없다.

매발톱꽃
Columbine

매발톱꽃은 진홍색과 보라색과 하얀색이 섞인 아름다운 꽃으로, 꽃잎 뒤쪽에 있는 꿀주머니가 안으로 굽은 모습이 매의 발톱처럼 보인다. 'columbine'이라는 영어 이름은 비둘기를 뜻하는 라틴어 'columba'에서 나왔다. '아킬레지아 Aquilegia'라는 속명도 독수리를 의미하는 라틴어 'aquila'에서 비롯되었다. 어떤 새에 비유하건 꽃이 조류의 발톱 모양이라는 데는 의견이 일치한다. 먼 옛날에는 '사자의 약초'라 불리기도 했지만, 그 이름은 꽃의 외형 때문이 아니라 사자가 가장 좋아하는 식물이라는 믿음에서 비롯된 것이었다.
미국에는 매발톱꽃을 국화로 삼고자 애쓰는 사람들도 있다. 영국의 장미나 프랑스의 백합처럼 나라의 상징으로 삼으려는 것이다. 영어 이름 'columbine'이 신대륙을 발견한 콜럼버스를 연상시키고, 학명은 미국을 상징하는 자유의 새 독수리를 가리키기 때문이다. 미국 어디에서나 잘 자라는 꽃이기도 하다.

맨드레이크
Mandrake

맨드레이크는 지중해가 원산지인 허브의 한 종류이다. 최음제로 효과가 있다고 여겨져 고대 그리스 사람들은 사랑의 사과라 부르고, 아라비아에서는 악마의 사과로 불렸다. 《구약성서》〈창세기〉에 야곱의 둘째 부인 라헬이 맨드레이크를 발견한 다음 임신한 이야기가 기록된 탓에 불임 여성을 임신하게 하는 마법 재료로 쓰이기도 했다.
맨드레이크에는 독성이 있어서 땅을 파헤쳐 열매를 먹은 개들이 고통스럽게 죽는 일도 종종 있다. 로마인들은 기원전 200년경 카르타고에 도시를 점령당했을 때 침략자들에게 맨드레이크 즙을 탄 와인을 마시게 해서 도시를 지켜 냈다. 그 독성 탓에 메두사의 머리가 묻힌 아테네 아고라 언덕에서 태어난 식물이라는 이야기도 전해진다. 뿌리가 둘로 갈라진 모습이 사람의 하반신과 닮았다고 해서 불길한 식물로 여겨지기도 한다. 교수대 밑에서 자란다는 속설도 있어서 사형수의 영혼이 그 뿌리에 숨어 산다는 이야기도 있다.

멜론
Melon

토스카나 지방의 왕에게는 세 쌍둥이 아들이 있었다. 왕의 누나들은 왕비를 질투해서, 왕비가 마녀이며 세 아들은 사람이 아니라 고양이, 뱀 그리고 막대기로 만든 괴물이라고 모함했다. 어리석은 왕은 누나들의 말만 믿고 왕비를 지하 감옥에 가두고 세 아들을 바다에 던져 버리라고 명령했다. 직접 그 명령을 수행하게 된 정원사는 아이들을 불쌍하게 여겨 집으로 데려가 자기 자식처럼 키웠다. 아이들은 꽃과 나무를 기르는 법을 배우며 무럭무럭 자랐다.

아이들이 정원에서 처음으로 수확해 왕에게 바친 과일은 멜론이었다. 멜론은 너무 커서 식탁에 올리려면 먹기 좋게 잘라야 했다. 하녀가 왕 앞에서 멜론을 반으로 쪼개었다. 멜론 속에는 씨앗 대신 값비싼 보석이 들어 있었다. 왕이 깜짝 놀라 소리쳤다.
"이럴 수가! 멜론이 원래 보석을 낳을 수 있는가?"
하녀가 용감하게 대답했다.
"물론입니다. 여인이 고양이와 뱀과 막대기를 낳는 것만큼이나 쉬운 일이랍니다."
"그게 무슨 뜻이냐?"
왕이 으름장을 놓자 하녀는 그간 있었던 일을 하나하나 설명했다. 뒤늦게 진상을 깨달은 왕은 아내를 풀어 주고 세 아들을 다시 불러들였다. 그리고 자신의 어리석음을 온 천하에 알려 웃음거리로 만든 누나들을 처형해 버렸다.

모란
Peony

플리니우스가 기록한 바에 따르면, 모란은 딱따구리가 가장 좋아하는 꽃이어서 누군가 그 꽃을 따려는 걸 보면 날아와 눈을 쪼아 버린다고 한다. 아폴론이 트로이 전쟁에서 다친 신들을 모란꽃으로 치료해 주었다 해서 고대 그리스에서는 약으로 환자를 치료하는 의사를 '페오니'라 부르기도 했다. 페오니라는 이름이 의학의 신 아스클레피오스의 제자 페온에서 비롯되었다는 이야기도 있다. 페온이 상처 입은 플루토를 치료해 되살려내는 등 너무 큰 성공을 거두자 질투를 느낀 아스클레피오스는 제자를 해치려 했다. 그때 플루토가 페온을 구하고 모란꽃으로 변하게 해 주었다.

먼 옛날 중국에 매일 책과 씨름하며 가끔 꽃을 돌보는 것만이 취미인 학자가 홀로 살고 있었다. 어느 날 한 아리따운 여인이 예고도 없이 찾아와 하녀로 써 달라고 부탁했다. 학자는 말 상대도 없이 혼자 살아가기가 외롭기도 하고 집안일을 할 일손도 부족하던 터라 기쁜 마음으로 그녀를 고용했다.

학자는 시간이 지날수록 하녀가 점점 더 마음에 들었다. 그녀는 단순한 하녀가 아니라 학문적인 조력자 역할까지 할 수 있을 정도로 학식도 높았다. 몸에 밴 교양과 예법으로 보아 어느 유서 깊은 집안의 규수이지, 결코 하녀 일이나 할 사람이 아니었다. 젊은 학자는 자랑스러운 마음으로 아는 사람들에게 하녀를 소개했다. 보는 사람마다 그녀의 뛰어난 미모와 학식에 놀라움을 감추지 못했다. 그러나 여인은 유명한 도사 한 사람이 학자를 방문하기로 한 날부터 완전히 종적을 감추어 버렸다. 젊은 학자는 미친 듯이 하녀를 찾아 헤매다가, 어두운 복도에서 문득 그녀가 마치 유령처럼 스쳐 지나가는 것을 목격했다. 학자가 서둘러 따라갔지만 미처 손이 닿기도 전에 한 폭의 그림처럼 벽에 스며들었다. 벽 속의 그림이 입술을 움직여 말했다.

"사실 저는 인간이 아니랍니다. 저는 주인님께서 정성스럽게 돌보아 주신 모란꽃의 정령이에요. 주인님의 따뜻한 사랑 덕분에 제가 인간의 모습으로 나타날 수 있었습니다. 주인님께 봉사할 수 있어서 정말로 기뻤습니다. 이제 그 도인이 오면 당신의 사랑을 결코 용납하지 않을 거예요. 그러면 제 모습을 유지할 수도 없게 되겠죠. 이제 꽃으로 돌아갈 수밖에 없답니다."

학자가 아무리 설득해도 그녀의 형상은 점점 희미해져만 갔고 결국 완전히 사라져 버렸다. 그날 이후로 그녀는 다시는 나타나지 않았다. 학자도 식음을 전폐하고 슬피 울다가 세상을 떠나고 말았다.

목화
Cotton

　오래전 어느 늪지대에 한 요정이 살았다. 그녀는 하루 종일 방적기를 돌려 세상에서 가장 아름답고 정교한 직물을 짜냈다. 방적기가 어찌나 빨리 돌아가는지 형체만 흐릿하게 보였고, 파리가 날갯짓하는 것 같은 소리만 들렸다. 요정은 삼촌인 꿀벌이 유용하게 쓰라고 준 독침을 방적기 굴레로 사용했다.
삼촌은 불평이 하도 많아서 아무도 그와 함께 지내려 하지 않았다. 그러나 늪지대에는 삼촌보다도 더 고약한 주민이 있었다. 요정은 그가 바로 옆 덤불에 집을 짓는 걸 발견하고 가슴이 철렁했다. 붉은색, 푸른색, 노란색으로 화려하게 치장한 그 이웃은 새처럼 크고 탐욕스러운 거미였다.
거미는 실을 짓는 일에 대단한 자부심이 있었다. 그러나 요정이 짠 빛나는 천을 보고는 자존심이 와르르 무너져 버렸다. 요정의 작품에 비하면 자기 것은 싸구려 천 쪼가리에 지나지 않았다. 질투심에 사로잡힌 거미는 요정을 없애기로 마음먹었다.

요정은 방적기를 챙겨 들고 거미의 추격을 피해 달아났다. 그녀는 생쥐에게 몸을 숨겨 달라고 부탁했지만, 생쥐는 거미가 두려워 문을 열어 주지 않았다. 두꺼비에게 사정해 보았지만 혀만 날름거릴 뿐 도와 줄 생각을 하지 않았다. 그때 등불을 비추며 지나가던 반딧불이가 딱한 사정을 보고 요정에게 자신을 따라오라고 말했다. 한밤중이었지만 요정은 반딧불이가 불빛을 비추어 주는 대로 따라가서 거미에게 잡히지 않고 분홍색 예쁜 꽃이 핀 덤불에 다다랐다.

"저 꽃 속으로 뛰어들어요!"

반딧불이가 외쳤다. 요정은 마지막 힘을 모두 짜내어 방적기를 꽉 움켜쥐고, 있는 힘껏 꽃 속으로 몸을 날렸다. 거미도 분홍꽃 덤불에 도착해 요정이 숨은 곳으로 천천히 기어 올라갔다. 거미의 흉측한 발톱이 요정이 숨은 꽃잎 바로 아래를 움켜쥐었다. 요정은 방적기 굴레로 쓰던 꿀벌의 독침으로 거미 다리를 찔렀다. 거미는 고통을 견디지 못하고 땅에 떨어지고 말았다. 다시 기운을 차려 올라왔을 때는 요정을 숨겨 준 꽃이 꽃잎을 단단히 오므려 아무리 애를 써도 안으로 들어갈 수가 없었다.

거미는 다음날 아침이면 요정이 밖으로 나오리라 믿고 꽃 주위에 거미줄을 치고 기다렸다. 그러나 아침이 와도 요정은 모습을 드러내지 않았다. 끈질기게 기다렸지만 꽃이 지고 떨어질 때까지 요정은 끝내 나타나지 않았다. 떨어진 꽃 속에도 요정은 없었다. 거미는 속았다는 생각에 분통이 터져 마구 날뛰며 자기 몸을 자기가 때리다가 죽어 버렸다.

요정은 꽃 뒤편의 작은 씨앗 속으로 파고들어 가 숨어 있었다. 씨앗 속에는 요정이 짠 눈처럼 하얀 천이 가득 들어 있었다. 사람들은 요정이 거미뿐만 아니라 목화바구미를 피해 무사히 도망친 것을 기뻐하며, 그 씨앗에서 실을 뽑아 옷을 지어 입고 요정을 축복했다.

무
Radish

독일에는 태곳적부터 살아온 무의 정령이 있었다. 정령은 아름다운 공주를 보고 첫눈에 반한 나머지 그녀를 납치해서 자기 성에 가두어 버렸다. 공주는 꼼

짝없이 무의 정령이 밤낮으로 읊어 대는 사랑 고백에 시달려야 했다.

하루는 공주가 혼자 지내기 너무 쓸쓸하다며 친구를 만들어 달라고 간청했다. 정령은 무 몇 포기를 사람 형상으로 만들어 공주의 시중을 들게 했다. 그러나 시종들은 무 잎사귀가 시들기 전까지만 인간 형상을 유지할 수 있었다.

시종들이 사라져 버리자 공주는 다시 친구가 필요하다고 말했다. 정령은 무로 꿀벌을 만들어 주었다. 공주는 꿀벌의 귓가에 자기 연인에게 구원을 요청하는 전갈을 담아 날려 보냈다. 그러나 꿀벌은 다시 돌아오지 않았다. 정령은 이번에는 귀뚜라미를 만들어 주었다. 공주는 귀뚜라미에게도 꿀벌과 똑같은 전갈을 남겼지만 역시 돌아오지 않았다. 정령이 감시하고 있다가 꿀벌과 귀뚜라미가 멀리 날아가기도 전에 잡아서 죽여 버렸기 때문이다.

정령의 구애는 끈질기게 계속되었다. 공주는 자기를 좀 내버려 두고 무가 몇 개나 남았는지 세어 보라고 권했다. 정령은 공주의 부탁대로 수많은 무를 하나씩 세기 시작했다. 공주는 그 틈을 놓치지 않고 살금살금 다가가 마법 지팡이를 훔쳐 내서는 무로 말을 만들어 올라타고 연인을 만나러 전속력으로 달려가 버렸다.

무화과나무
Fig

독을 품은 우파나무, 쐐기풀, 인도 삼나무, 호프, 빵나무, 뽕나무, 고무나무 그리고 그 밖에 우유같이 흰 수액이 나오는 모든 식물이 무화과나무의 친척이라 할 수 있다. 척박한 이집트 땅에서는 더 좋은 나무를 구하기 어려울 때 무화과나무로 미라의 관을 짰으며, 유목민은 이 나무 그늘에서 야영했다. 이들 방랑자에게 무화과나무 열매는 매우 귀중한 양식이었다. 이 나무 아래에서 기도하는 사람들도 없지는 않지만, 예수를 팔아넘긴 제자 유다가 이 나무에 목을 매다는 바람에 악령이 깃들었다고 여겨져 종교적인 의식은 행하지 않는다. 유다는 장미 덤불에서 종려나무에 이르기까지 손에 닿는 나무라는 나무는 모조리 망쳐 버렸다.
그러나 성 아우구스티누스는 그런 건 전혀 문제가 되지 않는다는 것을 깨달았다. 어느 날 무화과나무 아래에서 기도하며 회개하는데, 나무가 아이의 목소리로 그에게 "펼쳐 읽으라"라고 반복해서 속삭였다. 아우구스티누스는 그것을 《성서》를 펼쳐 가장 먼저 눈에 띄는 구절을 읽으라는 신의 계시로 이해했다. 그는 당장 가까운 친구 집으로 달려가 《성서》를 펼쳤다. 〈로마서〉의 한 구절이 눈에 들어왔다.

"방탕하지 말며, 술 취하지 말며, 음란하거나 호색하지 말며, 다투거나 시기하지 말며, 정욕을 위하여 육신의 일을 도모하지 말라."

아우구스티누스의 지난 삶을 지적하는 말이었다. 모든 의심이 사라졌다. 그는 마음을 고쳐먹고 새 사람이 되었다.

무화과나무 아래에서 잠이 들면 자칫 위험할 수도 있다. 수녀 유령이 나타나 잠든 이를 흔들어 깨워 칼을 건네주는데, 잠결에 칼날을 받아 들면 유령이 그 칼로 심장을 찔러 버리고, 손잡이를 잡으면 행운을 빌어 주고 떠난다. 예수의 저주를 받은 나무도 한 그루 있다. 어느 날 몹시 목이 말랐던 예수가 무화과나무를 발견하고 열매를 먹으려고 하는데 나무에 열매가 하나도 없었다. 화가 난 예수는 그 나무가 앞으로 영원히 열매를 맺지 못할 것이라고 저주했다. 무화과나무는 불에 던져 봤자 그을리기만 할 뿐 타지 않아서 땔감으로조차 쓸모가 없다.

몇몇 신학자들은 아담과 이브가 따먹은 선악과가 사실 사과가 아니라 무화과나무였다고 주장하기도 한다. 성모마리아가 아기 예수를 안고 헤롯왕의 군대로부터 도망칠 때 갈라진 몸통 속에 모자를 숨겨 준 것도 무화과나무이다.

붓다가 그 아래에서 진리를 깨달았다는 반얀나무 또는 보리수나무도 무화과나무의 일종이다. 힌두교 3대 신 중 하나인 비슈누도 거대한 보리수나무 그늘에서 태어났다. 인도 봄베이 지방에 있는 한 반얀나무는 수령이 3000년이 넘는다. 신이 이 나무를 보호해 단 한 번도 날붙이에 다치지 않았다고 한다.

그리스신화에 따르면 대지의 여신 레아가 티탄족 하나를 무화과나무로 바꾸어 버렸다고도 하고, 어느 곳에서는 술의 신 바쿠스가 만든 나무라고도 한다. 로마에서는 바쿠스가 무화과나무에 열매가 많이 맺히게 하는 법을 알려 주었다고 해서 다산의 상징으로 여겼다.

로마 건국 신화에도 무화과나무가 등장한다. 누미토르와 아물리우스 형제는 씨족의 지배권을 두고 다툼을 벌였다. 동생 아물리우스는 형을 죽이고 족장이 된 다음, 형수 레아를 신전의 제사장으로 앉혀 아이를 낳지 못하게 하는 한편, 후환을 없애고자 갓 태어난 쌍둥이 조카 로물루스와 레무스마저 죽이려고 했다. 그러나 병사들이 도착했을 때는 레아가 미리 알고 시종 파우스툴루스에게 맡겨 아이들을 숨긴 뒤였다. 아물리우스는 포기하지 않고 비슷한 나이의 갓난아이를 모두 죽이라고 명령했다. 파우스툴루스는 할 수 없이 두 아기를 바구니에 담아 강에 띄워 보냈다. 바구니는 무화과나무 가지에 걸려 멈추었고, 지나가던 늑대가 젖을 물려 아기들을 키웠다. 이 두 아이가 성장해 카피톨 언덕에 고대 로마를 건설했다.

트로이 전쟁 때 그리스군 최고의 예언자였던 칼카스와 동료 예언자 몹소스의 대결에서도 무화과나무가 중요한 역할을 했다. 칼카스가 먼저 눈앞에 보이는 무화과나무에 열매가 몇 개 열려 있는지 물어 보았다. 몹소스는 9999개가 열렸다고 대답했다. 칼카스가 직접 세어 보니 정확히 9999개가 열려 있었다. 칼카스는 자신이 몹소스보다 못한다는 걸 인정하고 자괴감에 빠져 스스로 목숨을 끊었다.

물레나물
Hypericum

성 요한이 참수당한 8월 29일이면 꽃에 붉은 반점이 생긴다고 해서 '성 요한초 St. Johnswort'라고도 불린다. 매년 6월 24일, 성 요한의 생일에 창가에 매달아 놓으면 악마와 유령과 사악한 요정을 쫓고 벼락이 비켜 간다는 속설도 있다.

들판을 걸을 땐 물레나물을 밟지 않도록 조심해야 한다. 실수로 밟았다가는 뿌리에서 요정의 말이 솟아올라 당신은 말 등에 올라앉게 된다. 말은 당신을 태우고 언덕을 넘고 강을 건너 밤새도록 달리다가 새벽이 되어서야 땅속으로 사라진다. 당신은 어딘지도 모르는 곳에서 지친 몸을 이끌고 아침을 먹으러 집으로 돌아와야 한다.

금요일에 물레나물로 목걸이를 만들어 목에 걸면 우울증이 치료된다. 소녀들은 침실 벽에 물레나물을 걸어두고 자면 꿈에서 미래의 남편을 만날 수 있다.

물망초
Forget-me-not

'물망초勿忘草'는 이름 자체에 전설이 녹아 있는 꽃이다. 이름부터가 'forget-me-not'이라는 영문 이름을 문자 그대로 번역한 것으로, 이 꽃에 얽힌 사연을 그대로 표현한다.

한 청년이 연인과 함께 도나우 강변을 걷다가 강 한가운데 있는 작은 섬에 연인의 눈동자 색깔과 같은 푸른 꽃이 핀 것을 보았다. 청년은 신발과 모자를 벗어 던지고 연인의 손에 입을 맞춘 다음 물속으로 뛰어들었다. 해는 저물어 쌀쌀하고 물살도 거칠었지만 청년은 안전하게 섬에 도착했다. 이제 꽃을 꺾어서 강둑으로 돌아올 차례였다. 돌아올 때는 건너갈 때보다 더 힘이 들었다. 섬으로 갈 때는 등을 밀어 주었던 물살이 청년을 가로막은 것이다. 청년은 사력을 다해 헤엄쳐 사랑하는 여인에게 간신히 꽃을 건네주었다. 그러나 힘이 다해 뭍으로 올라오지는 못했다. 청년이 물살에 떠밀려 내려가며 마지막 힘을 다해 소리쳤다.

"나를 잊지 마세요! Forget me not!"

그러고는 물속으로 모습을 감추었다. 청년의 연인은 그 꽃으로 머리를 장식하고 죽을 때까지 그를 잊지 않았다.

이 꽃의 이름이 에덴동산에서 정해졌다는 이야기도 있다. 아담은 에덴의 모든 식물에 이름을 지어 주었지만, 이 꽃은 너무 작아서 그만 못 보고 지나쳐 버렸다. 얼마 후 아담이 정원을 거닐며 식물들이 자기 이름을 마음에 들어 하는지 보려고 하나하나 이름을 불러 보았다. 이름이 불린 식물은 모두 수줍게 고개를 숙이며 아주 마음에 든다고 속삭였다. 흡족해진 아담이 집으로 돌아가려는데 발밑에서 작은 목소리가 들려왔다.
"저는 뭐라고 부르실 건가요?"
아담이 고개를 숙여 보니 자그마한 꽃이 수줍게 올려다보고 있었다. 아담은 자기가 이렇게 예쁜 꽃을 그냥 지나쳤다는 사실이 놀랍기도 하고 미안하기도 해서 다정하게 대답했다.
"지난번에 너를 깜빡하고 넘어갔나 보다. 앞으로 다시는 너를 잊지 않을게. 지금부터 네 이름은 물망초란다."

물푸레나무
Ash

물푸레나무 잔가지는 사람 팔처럼 굽은 모양이다. 'Ash'라는 이름도 '사람'을 뜻하는 노르웨이어 'aska'에서 유래했다.
물푸레나무는 매우 단단하고 질긴 나무이다. 그리스신화의 영웅 아킬레스는 물푸레나무로 만든 창을 휘둘렀고, 큐피드도 이 나무로 화살을 만들었다. 고대 전쟁에 쓰인 곤봉도 흔히 물푸레나무로 만들었다.

로마의 정치가이자 박물학자 플리니우스는 저서 《박물지 Historia Naturalis》에 사악한 존재들이 물푸레나무를 두려워한다고 기록했다. 독사는 물푸레나무 잎을 헤치고 지나가느니 차라리 불길을 가로지르는 쪽을 택한다. 영국의 어머니들은 물푸레나무와 잎이 위험한 동물과 악령으로부터 아이를 지켜 준다고 믿고, 이 나무에 해먹을 걸어 아이를 재우고 일터에 나갔다. 물푸레나무 숲에 둘러싸인 집은 가장 안전한 장소로 여겨졌다.

독일에서는 갓 태어난 아기에게 물푸레나무에서 채취한 꿀을 먹이고, 스코틀랜드 하이랜드 지방 사람들은 아기의 첫 음식으로 물푸레나무 수액을 한 방울 먹인다. 영국인은 크리스마스에 물푸레나무 장작을 불태우는 것을 1년 중 가장 기쁜 일로 여긴다.

북유럽 신화의 주신主神 오딘이 세계를 창조하고 심었다는 우주수宇宙樹 위그드라실Ygdrasil도 물푸레나무이다. 위그드라실의 잎은 구름이고 열매는 별이다. 세 줄기 뿌리는 각각 지하세계 니플헤임, 인간세계 미드가르드, 신들의 세계 아스가르드로 뻗어 갔다. 니플헤임으로 뻗은 뿌리 아래에는 생명의 우물 흐베르겔미르가, 아스가르드의 뿌리 아래에는 운명의 우물 우르드가 있다. 스칸디나비아 전설 속 지혜의 여신 볼루스파는 "위그드라실이라 불리는 물푸레나무는 우르드의 이슬처럼 순수한 물을 마시고 영원한 생명을 누린다"라고 말한다.
미드가르드, 즉 우리가 사는 세상은 나무 몸통의 중간쯤에서 가지가 지탱하고 있다. 사람이 살 수 있는 땅의 경계 밖으로는 대양이 펼쳐져 있고, 거대한 독사가 자기 꼬리를 입에 물고 바다 위에서 대지를 감싸고 있다. 독사는 불멸과 영속의 상징이다. 대양 너머로는 큰 산이 가로막아 아무도 밖으로 나갈 수 없다. 미드가르드로 뻗은 뿌리 아래에는 온갖 지혜를 담은 기억의 우물 미미르가 있다. 대양은 미미르에서 흘러나온 물이다.
생명의 여신 이두나가 이 나무 열매에 축복을 내려, 신들은 그것을 먹고 영원한 생명과 힘을 얻는다. 일설에는 그것이 물푸레나무 열매가 아니라 사과라고도 한다. 과거, 현재, 미래를 상징하는 우르드, 베르단디, 스쿨드 3자매가 북쪽 언덕의 눈을 녹인 물로 위그드라실을 가꾸고 돌본다.
천둥의 신 토르는 산물푸레나무라고도 불리는 마가목 덕분에 목숨을 건진 적이 있다. 토르는 거인 게이로드를 찾아가다가 비무르 강에서 홍수에 휩쓸려 목숨이 위태로웠다. 그때 마가목이 격류 아래에서 토르의 발을 떠받쳐 주었다. 토르는 나무를 붙잡고 간신히 위기에서 벗어났다. 새로 선박을 건조할 때마다 선체에 마가목

판자를 적어도 하나씩은 끼워 넣는 북유럽의 전통이 여기서 비롯되었다.

스코틀랜드 하이랜드 지방에서는 마녀의 침입을 막고자 축사 문을 마가목으로 만들었다. 가축을 두 배로 안전하게 보호하려고 지붕까지 마가목으로 만들기도 했다. 착한 요정들은 마가목 열매를 주머니에 넣고 와서 기도할 때 염주로 쓰라고 아이들에게 나누어 주었다.

아이슬란드에서는 억울하게 사형당한 사람의 무덤에서 물푸레나무가 자란다고 믿었다. 나뭇가지 사이로 햇살이 내려와 무덤을 비춘다. 그러나 아이슬란드에서 물푸레나무는 심술궂은 존재이다. 노르웨이에서는 토르의 널빤지가 배를 지켜 주지만, 물푸레나무로 만든 아이슬란드 배는 쉽게 가라앉고 그 나무로 집을 지으면 금세 무너져 버린다. 심지어 난로 근처에 물푸레나무를 묻으면 함께 불을 쬔 친한 친구와 사이가 나빠진다고 한다.

물푸레나무 열매는 그냥 먹을 수도 있고 술을 담글 수도 있다. 핀란드 목동들은 물푸레나무가 양떼를 지켜 준다고 믿었다. 그들은 목초지 주변에 이 나무를 말뚝 삼아 심어 두어 맹수로부터 가축을 보호했다.

미나리아재비
Crowfoot

이 귀여운 노란색 꽃의 학명 ranunculus은 개구리를 뜻하는 'rana'라는 단어에서 나왔다. 미나리아재비가 흔히 개구리가 많은 곳에서 만발하기 때문이다. 미나리아재비는 톡 쏘는 매캐한 맛이 나서 가축들은 이 꽃을 철저히 피한다. 그러나 로마 시대 박물학자 플리니우스는 이 꽃에 특별한 효능이 있다고 주장한다. 이 꽃을 먹으면 평소에 잘 웃지 않는 사람도 왁자지껄하게 웃을 수 있다는 것이다. 플리니우스는 이 작용이 매우 강해서 와인에 파인애플 심과 후추를 타서 마시지 않으면 죽을 때까지 웃음이 멈추지 않는다고 믿었다.

고대에는 특히 독성이 강한 미나리아재비 꽃의 한 품종으로 독화살을 만들었다. 또 다른 품종은 뿌리를 전염병과 정신병 치료제로 썼다. 뿌리를 갈아서 감염된 부위에 문지르면 전염병이 낫고, 달이 기우는 때에 광인의 목에 처방하면 정신이 돌아온다고 믿었다.

미모사
Mimosa

미모사는 살짝 건드리기만 해도 잎을 움츠리는 신기한 풀이다. 마치 맹수를 보고 죽은 척하는 동물의 행동처럼 보인다. 그리스신화에 따르면 미모사는 정욕에 눈이 먼 목신牧神 판에게 쫓겨 달아나던 처녀가 다른 신들의 도움으로 변신한 풀이라고 한다. 스스로 자신의 미모에 취해 뽐내고 다니던 미모사 공주가 태양신 아폴론의 진정한 아름다움을 보고 부끄러워 풀로 변했다는 설도 있다.

민들레
Dandelion

북미 원주민 알콘긴족 사이에서는 민들레를 사랑한 남풍의 이야기가 전해진다.
남풍은 몹시 게을러서 늘 참나무와 목련 그늘에 누워 빈둥대며 낮잠만 즐겼다. 그가 목련 향기로 폐를 가득 채웠다가 내뿜어야 사람들도 그 향기를 맡을 수 있었다. 하루는 남풍이 졸린 눈으로 들판을 바라보고 있는데 멀리 노란 머리를 한 가냘픈 소녀가 눈에 띄었다. 남풍은 소녀가 마음에 들었지만 너무나 게을러서 다가가기는커녕 이쪽으로 부르지도 않았다.

소녀는 다음날 아침에도 그 자리에 있었다. 어제보다 더 아름다운 모습이었다. 남풍은 매일같이 반짝이는 눈으로 푸른 초원 위의 소녀를 바라보기만 했다. 게으른 남풍은 소녀가 언제나 그곳에 서 있으니 나중에 말을 걸어도 늦지 않으리라 생각했다. 그러나 어느 날 아침 남풍은 자기 눈을 의심하며 몇 번이나 눈을 비벼야 했다. 전날 저녁에 소녀가 서 있던 곳에 너무도 변해 버린 한 여인이 서 있었다. 빛나는 젊음은 사라지고 없었다. 아름다운 황금빛 머릿결 대신 하얗게 센 머리가 힘없이 나부꼈다.

남풍이 깊이 탄식했다.

"지난밤 포악한 내 형제 북풍이 다녀갔구나. 그가 잔인한 손을 뻗쳐 그녀의 머리에 하얗게 서리가 내리고 말았어."

남풍이 내쉰 깊은 한숨이 그녀가 서 있는 곳까지 닿았다. 그러자 하얗게 센 머리카락이 산산이 흩어져 날아가 버리고 말았다. 남풍은 봄이 다시 찾아와 모두가 기뻐할 때에도 처음 보았던 그 소녀를 잊지 못하고 끝없이 한숨을 내쉰다.

민들레의 영어 이름 'dandelion'은 프랑스어로 사자 이빨을 뜻하는 'dent de lion'에서 유래했다. 톱니모양 잎이 사자 이빨을 닮았다는 단순한 이유일지도 모르지만, 먼 옛날에는 사자가 태양을 상징하고 민들레는 빛을 상징했다는 점이 그런 이름이 붙은 이유로 더 설득력 있게 들린다.

바질
Basil

바질은 인도와 이란이 원산지인 허브로 살균과 진정 효과가 있어 두통, 신경과민, 불면증에 잘 들고, 졸음을 방지하며 강장 효과도 있는 약초이다. 진해, 해열, 해독, 설사, 변비, 월경불순에도 효능이 있다.

'바질basil'이라는 이름은 고대 그리스와 기원전 4세기경 페르시아의 왕을 뜻하던 단어 '바실레우스basileus'에서 비롯되었다는 설이 있지만 이유는 자세히 알려지지 않았다. 고대 의사들은 바질이 독이라고 주장하기도 하고, 치료제라고 주장하기도 하는 등 그 효능에 대해 극단적으로 상반된 입장을 보였다. 눈만 마주쳐도 목숨을 잃는 상상 속의 괴물 바실리스크bailisk에서 그 이름이 유래했다는 설도 있다.

인도에서 바질은 비슈누 신에게 바치는 성스러운 약초로, 비슈누의 아내인 행운의 여신 락슈미의 현신이다. 바질의 잔가지를 꺾으면 비슈누가 통증을 느끼고 그 사람의 기도를 들어 주지 않는다고 한다. 그러나 씨앗을 묵주로 쓰는 것은 용인되며, 선량한 힌두교도라면 잎을 따서 약재로 쓰는 것도 허락된다.

루마니아에는 처녀가 바질 가지를 총각에게 전해 주면 그의 환심을 살 수 있다는 미신이 있다. 몰다비아에도 비슷한 미신이 있다. 바질 가지를 받은 남자는 그 순간 방황을 멈추고 가지를 준 여성에게만 헌신한다는 것이다.

보카치오의 《데카메론》과 존 키츠의 시 그리고 영국 화가 윌리엄 홀먼 헌트의 그림 등에도 등장하는 이사벨라는 이탈리아 피렌체의 부유한 상인의 딸이었다. 그녀는 부모가 일찍 세상을 떠나 오빠들과 함께 살고 있었다. 이사벨라는 집안의 도제인 로렌조와 사랑에 빠졌다. 오빠들은 그 사실을 알고도 소문이 새어 나갈까 두려워 애써 모른 척했다. 그들은 여동생을 부잣집에 시집보내 집안의 재산을 더욱 불리고 싶어 했다. 그러려면 먼저 두 사람을 갈라놓아야 했다.

이사벨라와 로렌조의 사랑이 식을 줄 모르자 오빠들은 무서운 계략을 꾸몄다. 그들은 로렌조를 도시 밖 먼 곳으로 심부름을 보내고, 먼저 가서 기다리고 있다가 그를 죽였다. 이사벨라는 로렌조가 먼 여행을 떠났다는 오빠들의 말만 믿고 그가 돌아오기만을 하염없이 기다렸다. 그러나 아무리 기다려도 로렌조는 돌아오지 않았다. 이사벨라는 더 참지 못하고 오빠들에게 로렌조가 언제 돌아올지 물어 보았다.

오빠 중 하나가 퉁명스럽게 대답했다.

"로렌조 같은 녀석이야 내가 알 게 뭐란 말이냐? 정 궁금하면 그 녀석 아버지한테나 물어 봐라."

이사벨라는 그날로 방에 틀어박혀 로렌조의 이름을 부르며 어서 돌아와 달라고 눈물로 애원했다. 로렌조는 연인의 부름에 응했다. 나날이 야위어 가는 이사벨라의 꿈에 유령이 되어 나타난 것이다. 창백한 얼굴에 피투성이가 되어 다 떨어진 옷을 입고 나타난 로렌조는 자신이 오빠들에게 살해당해 이름 모를 곳에 파묻혔다고 말해 주었다.

"이사벨라, 나는 이제 돌아올 수가 없다오. 우리가 만났던 마지막 날에 그대 오빠들에게 죽임을 당했으니."

로렌조는 자기 시신이 어디에 묻혔는지 말해 준 다음 연기처럼 사라졌다. 이사벨라는 깜짝 놀라 잠에서 깼다. 불길한 꿈으로 치부하고 잊으려 애써 보았지만 그 생각이 머리에서 떠나지 않았다. 이사벨라는 결국 로렌조의 유령이 말해 준 곳으로 찾아가 땅을 파 보고는 꿈에 그리던 연인의 시신을 발견했다. 이사벨라의 슬픔은 이루 말로 다할 수가 없었다. 그녀는 연인의 시신이라도 곁에 두고 영원히 사랑하기로 마음먹었다.

처음에는 시신을 양지바른 곳에 이장하여 곁을 지키려 했지만, 그랬다가는 오빠들이 알고 또 방해할지도 모른다는 걱정이 들었다. 그래서 그녀는 시신에서 머리만 잘라 내어 가장 좋은 항아리에 담고 흙을 채운 다음 거기에 바질을 심었다. 이제 누가 보더라도 바질을 정성스레 기르는 모습으로밖에 보이지 않을 터였다. 이사벨라는 연인의 살을 양분으로 피어난 바질을 물 대신 값비싼 향료와 오렌지 즙 그리고 눈물로 세심하게 보살폈다. 넘치는 사랑을 받으며 튼튼하게 자란 바질은 달콤한 향기로 방안을 가득 채웠다.

이사벨라가 집 밖에도 나가지 않고 매일 흐느껴 울기만 하자 오빠들은 이사벨라의 우울증을 치료해 주어야겠다는 생각에 그녀가 집착하는 화분을 멀리 내다 버렸다. 이사벨라는 화분을 돌려 달라고 끝도 없이 울부짖었다. 그러자 오빠들도 뭔가 이상하다는 걸 느꼈다. 그들은 이사벨라가 화분에 무언가 중요한 물건을 감추어 둔 게 틀림없다고 생각하고 화분을 깨서 그 안에 무엇이 들었는지 살펴보았다. 그리고 거의 다 썩어 가는 사람 머리를 발견했다. 특유의 곱슬머리와 색깔 등으로 볼 때 로렌조가 틀림없었다. 오빠들은 자신들이 저지른 살인이 들통 났다는 걸 깨닫고 머리를 다른 곳에 묻고는 나폴리로 도망쳤다. 이사벨라는 상실감을 이기지 못하고 연인의 뒤를 따라 세상을 떠났다.

바이퍼스 버그로스
Viper's Bugloss

바이퍼스 버그로스는 중동과 서아시아 등, 다른 식물이 도저히 살 수 없을 것 같은 척박한 땅에서도 잘 자라는 강인한 식물이다. 줄기와 꽃 모양이 독사를 연상시켜 '바이퍼'라는 이름이 붙었고, 독사에게 물렸을 때 치료제로 쓰이기도 했다. 그리스어로 살무사echis를 뜻하는 속명 에키움Echium도 종자가 살무사 머리처럼 보인다고 해서 붙은 명칭이다.

꽃은 처음에는 자홍색을 띠지만 알칼리 용액에 붉은 리트머스시험지를 담근 것처럼 점점 푸른색으로 변해 간다. 예전에는 여성들이 입술연지로 발라 안색을 창백하게 꾸미는 데 사용했다고 해서, 거짓말을 상징하는 꽃으로 여겨지기도 했다.

박하
Mint

명계의 신 플루토는 무뚝뚝하기로 유명해서 자기 부인에게조차 사랑을 주지 않았다. 플루토는 대부분의 시간을 지하 세계에서 보냈지만, 가끔 볼일을 보러 지상으로 올라가곤 했다. 그러던 어느 날, 오랜 기다림 끝에 마침내 그에게도 사랑이 찾아왔다. 지상에서 우연히 요정 민트를 보고 첫눈에 반해 버린 것이다.

플루토의 아내 프로세르피나는 남편이 평소와 다른 모습을 보이는 것을 눈치 채고 질투에 사로잡혔다. 플루토에게 납치되어 억지로 명계의 여왕이 되어서 남편을 사랑하지는 않았으나 한 사람의 여자로서 너무나 자존심이 상했다. 프로세르피나는 남편에게 복수하는 의미로 민트를 볼품없는 풀로 만들어 버렸다. 프로세르피나가 민트를 해치려 하자 플루토가 먼저 선수를 쳐서 향기로운 풀로 모습을 바꾸어 지켜 주었다는 설도 있다. 민트는 아름다운 모습을 잃어 버렸지만, 지금도 신선한 향기로 남자의 마음을 뒤흔든다.

백합
Lily

예수가 십자가에 못 박히기 얼마 전의 일이다. 그는 어느 날 밤 비참한 마음을 누르고 겟세마네 동산을 거닐며 마지막 산책을 즐기고 있었다. 그가 지나가자 꽃들은 고개를 숙여 슬픔과 동정을 표현했다. 그러나 오직 백합만이 한밤중에도 환하게 빛나며 꼿꼿이 서 있었다. 백합은 다른 꽃들을 보며 이렇게 말했다.
"나는 너희보다 훨씬 더 아름다우니, 이렇게 똑바로 서서 그를 바라보면 내 사랑스러운 모습과 향기에 위로를 받으실 거야."

예수가 백합을 보고 멈추어 섰다. 백합은 의기양양해져서 고개를 더욱 꼿꼿이 들었다. 그때 구름이 걷히며 달빛이 예수의 얼굴을 비추었다. 백합은 고개 숙여 자신을 내려다보는 예수의 눈에 겸손함이 가득한 것을 보았다. 달빛을 받은 들판의 모든 꽃이 그와 함께 겸손하게 고개 숙이고 있었다. 오직 자신만이 오만하게 새하얀 얼굴을 하늘로 향하고 있었다. 너무나 부끄러웠다. 백합은 얼굴을 붉히며 고개를 숙였다. 백합은 그날 밤 이후로 전처럼 허리를 꼿꼿이 펴고 서지 않는다.

하얀 꽃들이 대개 그렇지만, 고대 국가들은 대체로 백합을 순결과 결백의 상징으로 보았다. 이집트에서 시작해 기독교로 이어진 부활절 의식에 쓰는 백합은 꽃가루를 모두 제거한다. 백합은 순결한 채로 남아야 하기 때문이다. 스페인에서는 유혹에 빠져 동물로 변한 사람을 백합으로 되돌릴 수 있다고 믿었다.

코카서스 산맥의 백합은 비를 맞으면 때로는 붉은색으로, 때로는 노란색으로 색깔이 변한다. 처녀들은 백합의 이런 성질로 운명을 점쳤다. 자기가 고른 꽃봉오리가 비를 맞은 다음 노란색으로 변하면 연인의 사랑이 진실하지 못하다는 뜻이다. 붉은색으로 변하면 연인의 사랑은 변치 않는다. 이 속설은 11세기 그루지야의 연인한 쌍의 이야기에서 비롯되었다.

원정에 참가했던 군인 플리니우스가 고향 그루지야로 돌아왔다. 한 장군이 혁혁한 전공을 세운 그를 저녁식사에 초대했다. 장군에게는 타마라라는 이름의 아름다운 딸이 있었다. 포도나무 덩굴 위에서 노래하는 새처럼 순결하기로 소문난 처녀였다. 플리니우스는 타마라와 대화를 나누다가 그녀가 책을 읽어 본 적이 없다는 걸 알고 읽고 쓰는 법, 그리스어와 시를 가르쳐 주었다. 타마라는 음악에도 무지했다. 플리니우스는 노래와 악기도 가르쳐 주었다. 둘은 손을 잡고 다니며 함께 공부하고 더없는 행복을 맛보았다.

그러나 세상에 영원한 행복이란 존재하지 않는 법이다. 타마라에게는 정혼자가 있었다. 플리니우스는 그 사실을 알고 함께 그리스로 도망치자고 타마라를 설득했다. 두 사람은 이미 서로 떨어져서는 살 수 없을 만큼 깊은 사랑에 빠져 있었다. 그러나 타마라는 도저히 신의를 저버릴 수가 없었다. 타마라는 이러지도 저러지도 못하고 괴로워하다가 깊은 산중에 은거한 수도승을 찾아가 도움을 청했다. 타마라가 도망치지 못하도록 수행원들이 수도승의 움막 밖에서 기다리고 있었다. 타마라의 이야기를 들은 수도승은 함께 기도를 드렸다. 그러자 갑자기 무시무시한 폭풍이 몰아치며 천둥과 번개가 하늘을 뒤덮었다. 그리고 폭풍이 물러가자 타마라는 흔적도 없이 사라져 버렸다.

수행원들은 타마라를 내놓으라고 수도승을 윽박질렀다. 수도승이 대답했다.

"신이 우리 기도를 들어 주신 겁니다. 타마라는 이제 고통에서 벗어났습니다. 저길 보세요."

수도승이 가리킨 곳을 돌아보자 정원에 아찔한 향기를 내뿜는 백합 한 송이가 피어 있었다. 수행원들은 사람이 꽃으로 변하는 기적을 도저히 믿을 수가 없었다. 그들은 수도승의 움막과 주변 풀숲을 샅샅이 뒤져 보았다. 그러나 끝내 타마라를 찾을 수는 없었다. 화가 머리끝까지 난 사람들은 그 자리에서 수도승을 죽여 버렸다. 그러고도 분이 풀리지 않았는지 집을 부수고 주변에 불을 질렀다. 잿더미로 변한 수도승의 거처 한가운데에 백합 한 송이만이 외롭게 피어 있었다.

장군은 딸이 실종되었다는 소식을 듣고 슬픔에 젖어 식음을 전폐하더니 얼마 못 가서 세상을 떠났다. 그러나 플리니우스는 끝까지 포기하지 않았다. 그는 수도승의 이야기를 소문으로 듣고 홀로 핀 백합을 찾아가 울먹이며 말했다.

"정말로 타마라 당신이란 말이오?"

그러자 꽃잎이 바람에 떨리며 작은 속삭임이 들려왔다.

"네. 저예요."

플리니우스는 꽃 위로 몸을 숙이고 흐느껴 울었다. 눈물이 꽃잎을 지나쳐 땅에 떨어졌다. 백합은 질투를 느끼고 노랗게 물들었다. 두 번째 눈물방울은 꽃잎 위로 떨어졌다. 타마라는 기쁨에 겨워 꽃잎을 붉게 물들였다. 플리니우스가 너무나 서글프게 울자 신은 그를 비구름이 되게 해 주었다. 덕분에 그는 백합을 사랑의 눈물로 더 자주 보살필 수 있게 되었다. 그 이후로 가뭄이 들 때마다 마을 소녀들이 백합을 땅에 뿌리며 타마라의 노래를 부른다. 꽃잎을 보고 비구름이 몰려와 대지 위로 뜨거운 눈물을 흘리기를 바라는 것이다.

버드나무
Willow

버드나무 문양에 강물과 정자, 복숭아나무와 새 두 마리가 그려진 중국의 청화백자를 누구나 한 번쯤은 본 적이 있을 것이다. 서양에서 가장 인기 있는 도자기 문양으로 꼽히는 이 버드나무 문양에는 중국에 전해지는 슬픈 사랑 이야기가 고스란히 담겨 있다.

아름다운 처녀 공희는 어느 부유한 상인의 외동딸이었다. 집에는 복숭아나무가 은은한 향을 풍기는 정자가 하나 있었다. 공희는 이 정자에서 많은 시간을 보냈다.

하루는 정자에서 방으로 돌아가는 길에 집안의 하인 장과 마주쳤다. 장은 비록 가난하고 비천한 신분이었지만 따뜻한 마음씨에 시문에도 능한 인재였다. 두 선남선녀는 첫눈에 서로를 알아보고 사랑에 빠졌다. 신분을 초월한 사랑은 젊은이들만의 특권이지만 둘의 관계를 알아차린 공희의 아버지는 크게 분노하여 딸을 집안에 가두고 장을 멀리 내쫓아 버렸다. 상인은 공희를 나이 많은 귀족에게 시집보내 버리기로 마음먹었다.

그러나 이러한 장애는 두 사람의 사랑을 더욱 뜨겁게 불타오르게 할 뿐이었다. 장은 매일 편지를 써서 조롱박 껍질에 넣어 창문 아래로 흐르는 강물에 띄워 보냈다. 공희는 정자에서 기다리다가 조롱박 껍질을 건져 꽃이 만발한 복숭아 나무 아래에서 몰래 편지를 읽고 답장을 써서 보냈다.

그러는 중에 결혼 날짜가 점점 다가왔다. 하류로 내려가 조롱박 껍질이 떠내려 오기만 기다리던 장은 눈에 익은 껍질을 발견하고 한달음에 달려가 편지를 꺼냈다. 편지에는 단 한 줄만이 적혀 있었다.

"현명한 농부는 누가 과일을 훔쳐가기 전에 먼저 수확한답니다."

장은 공희가 무슨 말을 하는지 정확히 이해했다. 그는 함께 도망칠 계획을 세우고 편지를 써서 보냈다. 공희는 결혼식 연회에서 모두가 술에 취하기를 기다렸다가 귀중품을 챙겨 도망쳐 나왔다. 두 사람은 버드나무 아래에서 만나 뜨겁게 포옹했다. 연인이 막 다리를 건너려는데, 뒤늦게 신부가 없어진 것을 알아차린 아버지와 귀족이 하인들을 이끌고 추격해 왔다. 연인은 가까스로 추격을 따돌리고 배에 몸을 싣고 멀리 떠나 버렸다.

둘은 보석을 팔아 집에서 멀리 떨어진 섬에 집과 밭을 마련해 소박하지만 행복하게 살았다. 그러면서도 장은 계속 시를 써서 크게 명성을 떨쳤다. 그러나 그것이 화근이었다. 명성을 듣고 장과 공희가 사는 곳을 알아낸 귀족이 사람을 보내 신부를 훔쳐간 장을 죽인 것이다. 공희는 슬픔에 젖어 스스로 집에 불을 질러 목숨을 끊었다.

도자기에 그려진 그림은 이 슬픈 사랑 이야기를 담고 있다. 하늘 높이 날며 마주 보고 노래 부르는 새 두 마리는 인간의 형상일 때 미처 다 하지 못한 사랑을 나누는 장과 공희의 영혼이다.

일본에는 버드나무와 대나무 그리고 포도나무 덩굴이

등장하는 우화가 하나 전해진다. 아직 모든 식물이 다 태어나기도 전 먼 옛날의 이야기다. 새로운 식물이 나타날 때마다 먼저 태어난 식물들은 텃세를 부리기도 하고, 따뜻하게 환영해 주기도 했다.

어느 부유한 상인의 정원에 나란히 서 있는 버드나무와 대나무는 서로 성격이 정반대였다. 어느 날 버드나무와 대나무 사이에 처음 보는 씨앗이 하나 떨어져 싹을 틔웠다. 대나무는 고개를 돌리며 요즘 너무 많은 식물이 태어나 땅이 점점 좁아진다며 짜증을 부렸다. 버드나무는 여린 잎을 바들바들 떠는 어린 포도나무 위로 고개를 숙여 부드러운 말로 안심시켜 주었다. 그러나 어린 포도나무는 하늘 높이 곧게 자란 대나무에 더 끌려서 조심스럽게 부탁했다.

"제가 혼자 설 수 있을 때까지 당신 몸에 조금 기대도 될까요?"

대나무는 차갑게 거절하며 포도나무 줄기를 매섭게 쳐냈다. 그러자 보다 못한 버드나무가 다시 나섰다.

"나는 전혀 상관없으니 네 작은 손가락으로 내 껍질을 잡으렴. 내가 지켜줄 테니 내 그늘 속에서 차분히 힘을 키우도록 해. 아무 걱정하지 말고 내게 기대도 된단다."

포도나무는 섭섭한 눈으로 대나무를 바라보면서 버드나무 가지를 잡고 기어 올라갔다. 나이 많은 버드나무는 손을 아래로 내밀어 포도나무 덩굴을 위로 이끌어 주었다. 시간이 지나자 포도나무 덩굴도 점점 튼튼해졌다. 어느새 버드나무가 포도나무 덩굴을 지켜주는 건지, 포도나무 덩굴이 버드나무를 지켜주는 건지 알 수 없을 정도가 되었다. 포도나무는 버드나무 꼭대기까지 덩굴을 뻗어 올라갔다. 두 나무는 아름답고 사랑스러운 모습으로 서로 의지하며 굳건히 서 있었다. 포도나무는 늙은 버드나무 위에서 첫 열매를 맺는 싹을 틔웠다. 그러자 대나무가 또다시 심술을 부렸다.

"그 덩굴에 열린 보기 흉한 혹들은 뭐야? 그 녀석이 무슨 병이라도 옮기는 게 틀림없어. 그놈 때문에 우리까지 다 죽어 버릴 거야!"

버드나무는 대답도 하지 않고 포도나무를 다독이며 대나무가 하는 말에는 신경도 쓰지 말라고 위로했다.

며칠이 지나자 싹은 아름답고 향기로운 열매를 맺어 버드나무를 화려하게 장식했다. 아무도 본 적 없는 장관이며 한 번도 맡아보지 못한 향기였다. 산지기가 그 모습을 보고 달려가 주인을 모셔왔다. 주인은 경탄하며 그것을 신의 선물로 단정 지었다. 그는 신의 선물에 걸맞은 대우를 생각해 냈다.

"이 아름다운 광경이 좀 더 잘 보이도록 저 대나무를 베어 버려라."

주인의 명령에 산지기가 반대 의견을 냈다.
"저렇게 곧고 멋있게 자란 대나무를 베어 버리기는 조금 아까운데요?"
"그래. 곧고 멋있게 자랐지. 하지만, 대나무야 원래 다 그렇지 않으냐? 저런 건 어디에서나 볼 수 있지만, 여기 이 두 나무가 만들어내는 장관은 아무도 본 적이 없을 게다."
산지기도 주인의 말이 옳다 여기고 거만한 대나무를 싹둑 잘라 버렸다.

범의귀
Saxifrage

바위취, 호이초虎耳草, 등이초橙耳草, 석하엽石荷葉 등으로도 불리는 여러해살이풀로 그늘지고 습한 땅에서 잘 자란다.
이탈리아 사람들은 이 풀에 마법이 깃들어 있다고 믿었다. 여자가 범의귀를 먹으면 더욱 아름다워지고, 군인이 범의귀 뿌리와 두더지 피를 섞어 칼에 바르면 전투에서 적을 더 깊이 베고 더 많은 사람을 죽일 수 있다. 헝가리에서는 이 풀에 마법의 치유 효과가 있다고 믿는다. 형제들끼리 치열한 내전을 치르고 왕위에 오른 차바 왕은 부상당한 병사 1만5000명을 모두 범의귀 즙으로 깨끗하게 치료해 주었다고 한다.

베르가못
Bergamot

뉴욕 주 동북부 사라나크 호숫가에 사는 인디언 소녀 릴리노에게는 사랑하는 정혼자가 있었다. 전쟁에서 누구보다 날쌔게 움직여 '화살'이라 불리는 청년이었다. 그러나 결혼식을 며칠 앞두고 끔찍한 전염병이 애디론댁 산맥을 휩쓸어 '화살'이 가장 먼저 목숨을 잃고 말았다. 사람들은 위대한 영혼에게 자비를 구했지만 산 정상에서 들려오는 위대한 영혼의 목소리는 냉담하기 이를 데 없었다. 전염병은 지나치게 전쟁만을 일삼는 여러 부족에게 내린 형벌이었다. 저주를 풀려면 모두에게 사랑받는 한 고결한 영혼의 피로 희생제를 드리는 수밖에 없었다.

릴리노의 마을에서도 누구를 제물로 바쳐야 할지 회의가 열렸다. 릴리노가 벌떡 일어나 회의장 한가운데로 나아갔다.

"저는 이미 시들어 버린 꽃입니다. 제가 모두를 위해 피를 흘리겠어요. 저를 '화살' 곁에 묻어 주세요."

릴리노는 말을 마치자마자 허리춤에서 돌칼을 꺼내 스스로 목숨을 끊었다.

산 정상에서 지켜보던 위대한 영혼은 마음이 한결 누그러졌다. 그는 전염병을 거두어 가고, 자신을 희생한 소녀를 사람들이 영원히 기리도록 그녀의 피에서 베르가못 꽃이 피어나게 했다.

베르가못 잎은 허브차로 사랑받는데, 뉴욕 주 북부 오스위고 강 주변 원주민들이 마시던 차여서 이 꽃을 '오스위고 티'라는 이름으로 부르기도 한다.

보리수
Peepul

산스크리트어로 아슈바타, 피팔라 등으로 불리는 보리수는 붓다가 그 아래에서 깨달음을 얻은 나무로 유명하지만, 인도에서는 붓다 이전 베다 시대부터 숲의 왕으로 여기며 숭배해 왔다. 사제들은 남성을 상징하는 보리수나무와 여성을 상징하는 아카시아acacia로 성스러운 불을 붙이고, 보리수나무로 만든 그릇에 신성한 소마를 담아 마시며 보리수 열매를 먹고 깨달음을 얻는다. 보리수 열매가 신들의 음식인 암브로시아이기 때문이다.

보리수는 고대 유럽에서도 여신 프리그의 나무로 여겨져 숭배되었다. 중세에는 재판, 축제, 결혼식, 서약 등이 이 나무 아래에서 이루어졌다. 악귀와 해충을 쫓고 번개를 막아 주며 젊은 남녀를 맺어 주는 나무로도 유명하다.

복수초
Adonis

그리스신화는 식물 하나로 여러 가지 서로 다른 이야기를 전하기도 하지만, 한 가지 이야기를 여러 식물의 기원을 이야기하는 데 써먹기도 한다.
아도니스는 용모가 매우 빼어나 명계의 여왕이자 하데스의 아내인 페르세포네와 미의 여신 비너스의 사랑을 한 몸에 받았다. 아도니스는 어느 날 자신이 쫓던 멧돼지에게 물려 죽어 버렸다. 그 멧돼지는 헤파이토스가 변신한 것이라는 설도 있고, 비너스의 연인 아레스가 아도니스를 질투해 변신한 것이라는 설도 있다. 아도니스가 멧돼지에 물려 죽으며 흘린 피에서 아네모네가 피어나고, 비너스가 흘린 눈물은 장미가 되었다. 그리고 아도니스의 피는 복수초 Adonis가 되고, 아프로디테의 눈물이 아네모네가 되었다는 설도 있다.
피와 눈물이 각자 어떤 꽃으로 피었는지는 아도니스 신화에서 그리 중요한 부분이 아닐지도 모른다. 아도니스가 어떤 꽃으로 변했건, 그가 매년 죽었다가 다시 부활하는 식물을 상징한다는 점이 더 중요할 것이다. 아도니스는 죽어서 페르세포네 곁으로 갔지만, 비너스가 너무나 슬퍼하자 명계의 신들은 마음이 흔들렸다. 그래서

1년 중 3분의 1은 지상에서 비너스와 함께 살고, 3분의 1은 명계에서 페르세포네와 함께 살며, 나머지 3분의 1은 아도니스가 원하는 곳에서 살도록 해 주었다.

일본에도 복수초에 얽힌 전설이 전해 온다. 안개의 성에 사는 아름다운 여신 구노는 아버지의 명에 따라 토룡의 신에게 시집가야 할 처지였다. 구노는 원하지 않는 상대와 결혼하기 싫어서 멀리 도망쳐 버렸다. 화가 난 아버지와 토룡의 신은 끝내 구노를 찾아내 보잘것없는 풀로 만들어 버렸다. 구노의 미모는 볼품없는 풀 속에 갇혀 있지 않고, 이듬해 봄 아름다운 꽃으로 피어났다.

복숭아
Peach

먼 옛날 일본의 어느 강가에서 한 할머니가 옷을 빨고 있었다. 그때 갑자기 물속에서 분홍색 공이 치솟아 오르는 바람에 깜짝 놀라 엉덩방아를 찧었다. 남편과 둘이서 며칠이나 먹고도 남을 만큼 커다란 복숭아였다. 힘겹게 물 밖으로 끄집어내 반으로 갈라 보았더니 씨앗 대신에 한 아이가 과육을 요람 삼아 잠들어 있었다. 자식이 없던 노부부는 아기에게 모모타로라는 이름을 지어 주고 친자식처럼 정성스럽게 키웠다. 모모타로는 사랑을 듬뿍 받고 튼튼하게 자라 동네에서 견줄 사람이 없는 천하장사가 되었다.

그 무렵 마을 사람들은 물건을 훔치고 가축과 사람을 해치는 도깨비들 때문에 골치를 앓고 있었다. 모모타로는 도깨비를 퇴치해 마을을 구하기로 마음먹었다. 할머니는 모험을 떠나는 모모타로에게 수수경단을 만들어 주었다. 모모타로는 도깨비 섬을 찾아 떠나는 중에 수수경단을 하나씩 주고 개, 원숭이, 꿩과 친구가 되었다. 도깨비들은 마을에서 훔친 보물과 음식으로 잔치를 벌이고 있었다. 모모타로는 수수경단을 주고 사귄 친구들의 도움으로 도깨비들을 물리쳤다. 그리하여 마을은 평화를 되찾고, 모모타로는 도깨비 섬에서 빼앗아온 보물로 할머니 할아버지와 함께 오래오래 행복하게 살았다.

중국에서는 복숭아가 장수의 상징이다. 복숭아가 정교하게 묘사된 도자기 등의 예술작품을 쉽게 찾아볼 수 있다. 복숭아가 그려진 접시나 대접은 생일선물로 사랑받는다.

브리오니아
Briony

중세 이탈리아의 작은 도시 아트리에는 브리오니아 덩굴로 뒤덮인 오래된 탑이 하나 서 있었다. 이 덩굴에 얽힌 이야기는 수 세기에 걸쳐 다양한 형태로 전해져 왔다. 여기서는 미국의 시인 헨리 롱펠로가 전하는 '아트리의 종' 이야기를 소개하겠다.

아트리의 왕은 탑에 큰 종을 매달고 '정의의 종'이라 칭하며, 억울한 일을 당한 사람은 누구라도 그 종을 쳐서 자신에게 알리도록 했다. 종에는 땅에 닿을 만큼 긴 줄이 매달려 있었다. 아트리 시민은 모두 평화를 사랑하는 정직한 사람들이어서 종이 울리는 일은 거의 없었다. 시간이 지나자 종에 매달린 밧줄은 낡아서 너덜너덜해졌다. 그걸 본 누군가가 브리오니아 덩굴을 꼬아서 끊어지려는 밧줄을 이어 붙였다. 덕분에 밧줄은 신선한 잎과 줄기로 뒤덮였다.

아트리에는 젊은 시절 쾌활하고 모험심이 강했던 기사 한 사람이 살고 있었다. 그러나 나이가 들자 자기 안위만 살피는 비열한 사람이 되어 버렸다. 그는 매우 가난해서, 가진 것이라고는 젊은 시절 함께 여행하던 늙고 충직한 말 한 필뿐이었다. 기사는 그 말에게 먹이를 주는 것도 아까워했다.

"이 말은 이제 늙어서 쓸모가 없어. 단 몇 푼이라도 받고 팔 수 있으면 좋으련만 이렇게 늙은 말은 아무도 사 가지 않는단 말이야. 풀은 어디에나 있으니 내쫓아서 알아서 살아가게 해야겠다."

기사는 그렇게 마음먹고 오랫동안 충성을 바친 말을 매몰차게 내쫓았다. 늙은 말은 주인을 떠나지 못하고 슬피 울었지만 마구간은 굳게 잠겨 있었다. 말은 할 수 없이 쓸쓸히 그곳을 떠났다.

절룩거리며 이리저리 방황하던 늙은 말은 종에 매달린 밧줄이 바닥까지 드리운 탑에 이르렀다. 밧줄에는 싱싱한 브리오니아 잎이 무성했다. 며칠이나 굶어서 몹시 배가 고팠던 말에게는 탐스러운 먹이였다. 말은 힘겹게 목을 늘여 한 잎씩 뜯어 먹었다. 그때마다 종이 울려 마을 전체로 퍼져 나갔다.

종소리를 들은 사람들은 누가 어떤 억울한 일을 당했는지 궁금해 탑으로 모여들었다. 탑 아래에서는 늙은 말이 힘겹게 브리오니아 잎을 뜯어 먹고 있었다. 사람들은 한눈에 욕심 많은 기사의 말임을 알아보았다. 불쌍한 늙은 말이 못된 주인을 혼내 달라고 부탁하는 것처럼 보였다.

마을의 치안판사도 무슨 일이 있었는지 즉시 알아차렸

다. 말을 타고 탑으로 달려왔던 그는 부와 명예보다 친절하고 덕 있는 행동이 더 가치 있음을 깨닫고 말에서 내려 걸어서 돌아갔다.

기사는 어떤 일이 있었는지 전해 듣고도 별로 동요하지 않았다. 그는 자기 소유를 자기 마음대로 처분했을 뿐이니 문제 될 것이 없다고 주장했다. 그러나 그래도 부끄러웠는지, 마을 사람들이 우르르 몰려와 말을 기사의 마구간에 넣어 주는 것까지 막지는 않았다. 마을 사람들은 기사에게 앞으로는 말에게 더 잘 대해 주겠다는 약속을 받아 내고서야 그곳을 떠났다.

블랙베리
Blackberry

감리교의 창시자 존 웨슬리는 영국 남서부 콘월 지방에서 길가에 떨어진 나무열매를 주워 먹으며 근근이 살아갔다. 콘월 지방에는 블랙베리가 매우 풍부했다. 하루는 그가 교회에서 형제에게 말했다.
"이 동네만큼 음식을 얻기 어려운 곳도 없을 거야. 그나

마 블랙베리가 많으니 감사할 일이지."

웨슬리는 콘월에서 블랙베리에 얽힌 전설을 들었다.

한 사악한 남자가 쌍둥이 딸과 함께 살고 있었다. 언니 올웬은 품성이 매우 고왔고, 동생 거타는 아버지의 성품을 그대로 닮았다. 그래도 올웬이 항상 양보한 덕분에 둘은 다투지 않고 사이좋게 지냈다. 왕자가 그곳을 지나가다가 자매의 집에 들러 우유 한 잔만 달라고 부탁하기 전까지는 그랬다.

성품이 고운 올웬이 왕자에게 우유를 가져다 주었다. 거타는 질투에 사로잡혀 음모를 꾸몄다. 아버지는 거타를 도와 올웬을 멀리 마녀에게 보내 그곳에 머물게 했다. 며칠 후 왕자가 돌아와 또 우유 한 잔을 부탁했다. 왕자는 올웬 대신 거타가 우유를 따라 주자 눈에 띄게 실망한 표정을 지었다. 거타는 착한 언니를 전보다 더 미워하게 되었다.

왕자는 올웬을 어디로 보냈는지 알아내 직접 그녀를 만나러 갔다. 마녀는 올웬을 딸기나무 덤불로 바꾸어 놓고는, 올웬이 이미 죽었으며 제철도 아닌데 만발한 딸기나무 한 그루가 바로 그녀의 무덤이라고 말해 주었다. 마녀는 왕자가 돌아가자 올웬을 사람으로 되돌려 놓았다.

그러나 마녀는 궁중 마법사의 존재를 간과하고 있었다.

영민한 왕자는 마녀의 말에 속지 않고 궁으로 돌아가자마자 백마술에 정통한 마법사에게 도움을 청했다. 마법사는 왕자를 까마귀로 변신시켜 주었다. 왕자는 마녀의 집으로 날아가 무슨 일이 벌어지고 있는지 알아냈다. 그는 사랑스러운 올웬을 다시 만나게 되자 기쁨을 감추지 못했다. 왕자는 다시 사람으로 변해 올웬을 데리고 멀리 도망쳐 사랑을 나누었다. 그러나 마녀가 뒤쫓아와 올웬을 다시 딸기나무로 바꾸어 버렸다. 왕자는 까마귀로 변신해 왕궁으로 도망쳤다.

왕자가 자신의 속임수를 간파했다는 이야기를 들은 올웬의 사악한 아버지는 분노를 가누지 못했다.

"올웬을 딸기나무로 만들고 다시는 되돌아오지 못하게 해 버려라! 열매는 녹색에서 검은색으로 변하게 하고, 줄기에는 가시가 돋게 만들어 버려라!"

마법사는 왕자에게 사악한 마법을 푸는 방법을 가르쳐 주었다.

"몰래 날아가서 열매에 입술을 대어 보고, 가장 달콤할 때 가지고 오십시오."

왕자는 열매가 완전히 검게 변해 버렸을 때 가장 달콤하다는 걸 알고 마법사에게 가지고 갔다. 마법사는 마녀의 주문을 풀어 올웬이 완전히 사람으로 되돌아오게 해 주었다.

이 이야기는 아마 악마가 블랙베리를 싫어한다는 민간 신앙과도 관련이 있을 것이다. 악마가 천사장 미카엘에게 패해 도망치면서 블랙베리 나무에 저주를 걸어서 성 미카엘 축일이 지나기 전까지는 열매를 맺지 않는다는 이야기도 있다. 예수의 가시 면류관을 만든 재료가 블랙베리 가지였고, 신이 모세 앞에 현신했던 불타는 덤불도 블랙베리였다고도 한다.

뽕나무
Mulberry

뽕나무는 지혜의 여신 아테나에게 헌정된 나무이다. 그래서인지 뽕나무는 지혜롭지 못한 사람에게는 큰 손해를 안겨 주곤 한다. 1605년 제임스 1세가 새로운 섬유 산업을 시작하려고 영국에 들여온 뽕나무는 누에가 먹지 않는 품종이었다. 똑같은 재앙이 미국에서도 일어나 수많은 농부가 막대한 손실을 보았다.
존 밀턴이 그 아래에서 '리시더스Lycidas'를 썼다고 전해지는 케임브리지대학의 뽕나무는 지금도 남아 있지만,

아쉽게도 셰익스피어가 정원에 심은 뽕나무는 새 주인이 관광객이 너무 많이 몰려들어 귀찮다는 이유로 베어 버렸다.

바빌로니아의 젊은 연인 피라모스와 티스베의 사랑 이야기는 로미오와 줄리엣의 신화판이라 할 수 있다. 양가 부모는 두 청춘남녀의 마음을 짓밟고 억지로 떼어 놓으려 했다. 그러나 때로는 부모의 반대만큼 사랑을 공고히 하는 데 효과적인 것은 없다. 두 사람이 서로 벽 하나를 사이에 두고 옆집에 살고 있을 때는 더욱 그렇다. 부모의 반대쯤은 얇은 벽 하나 정도로 느껴졌을 것이다. 그리고 그 벽에는 틈이 있었다. 피라모스와 티스베는 벽에 난 틈으로 밀어를 주고받으며 사랑을 점점 더 크게 키워 갔다.

두 사람은 기회가 생길 때마다 성문 밖 공동묘지에 있는 뽕나무 아래에서 밀회를 나누었다. 어느 날 새벽 티스베가 먼저 도착해서 설레는 마음으로 피라모스를 기다리는데, 방금 양을 잡아먹어서 입가에 피를 잔뜩 묻힌 사자가 불쑥 나타났다. 티스베는 깜짝 놀라서 바위 틈으로 몸을 숨겼다. 그러나 너무 서두르는 바람에 머리에 썼던 하얀 두건을 떨어뜨리고 말았다. 사자는 양 한 마리로는 배가 덜 찼는지 티스베마저 잡아먹으려고 달려들었다가 그만 놓쳐 버리자 분통을 터뜨리며 사냥

감이 떨어뜨린 하얀 손수건을 갈기갈기 찢어 버렸다. 겁에 질린 티스베는 사자가 떠나고도 한참이 지나도록 바위틈에서 나오지 못했다.

몰래 빠져나오느라 약속시간에 조금 늦은 피라모스는 연인이 기다리는 뽕나무 밑으로 힘차게 달려갔다. 그러나 새벽 어스름에 뿌옇게 서 있는 뽕나무 아래에는 티스베의 그림자가 보이지 않았다. 피라모스는 불길한 마음에 더욱 속도를 높였다. 그리고 뽕나무 옆에서 연인의 낯익은 하얀 두건을 발견했다. 두건은 사자 입가에 묻어 있던 양의 피로 물든 채 갈기갈기 찢어져 있었다. 피라모스는 티스베가 사자에게 잡아먹힌 게 틀림없다고 믿었다. 너무 슬퍼서 목소리도 나오지 않았다. 그는 자기가 늦어서 티스베가 죽었다고 자책하며, 연인의 피에 자기 피를 섞어 죽어서라도 하나가 되고자 그 자리에서 칼을 뽑아 자기 심장에 꽂았다.

뭔가 이상한 낌새를 채고 바위틈에서 고개를 내민 티스베는 사랑하는 피라모스가 칼에 찔린 채 자기 두건 위에 쓰러져 있는 모습을 보고 경악을 금치 못했다. 티스베는 피라모스를 끌어안고 울부짖었다. 마지막 순간, 아직 숨이 채 끊어지지 않았던 피라모스의 시선이 눈물을 뚝뚝 흘리는 티스베의 두 눈에 고정되었다. 티스베는 생명의 불꽃이 꺼져 버린 피라모스의 두 눈에서 한

참이 지나도록 눈을 떼지 못했다.

"사랑과 죽음이 우리를 하나로 묶어 주도록 한곳에 묻히기로 해요."

티스베는 흐느끼며 그렇게 말하고는 연인의 심장에 박힌 칼을 뽑아 자신의 심장을 꿰뚫었다. 서서히 생명이 빠져나가며 흐릿해진 티스베의 시야에 무심하게 두 사람을 내려다보는 뽕나무가 들어왔다.

"나무야. 우리 부모님들이 우리에게 얼마나 큰 잘못을 하셨는지 너는 알지. 네 열매를 우리 피로 붉게 물들여서 그분들이 잘못했다는 증거가 되어 주렴. 부디 우리를 한곳에 묻어 주시도록 말이야."

뽕나무는 티스베의 부탁을 듣고 두 사람의 피를 머금고 열매를 붉게 물들였다. 피라모스와 티스베의 부모는 둘의 사랑이 나무 열매의 색깔을 바꿀 정도로 깊었음을 깨닫고 후회하며 두 사람을 한곳에 묻어 주었다.

사과
Apple

너무 춥지도 덥지도 않은 곳에서 자라는 사과는 구전되는 이야기에서 《성서》에 이르기까지 수없이 많은 곳에서 상징적인 의미를 지닌다. 비록 사탄이 이브를 유혹해 따먹게 만들었던 과일이 사과라고 《성서》에 명시되어 있지는 않지만, 그것이 석류나 배가 아니었다는 것만은 확실하다.

사과는 미의 여신 아프로디테와도 관련이 있다.

아틀란타는 매우 아름다운 여인이었다. 수많은 남자가 그녀에게 청혼했지만 아틀란타는 자신과 달리기 경주를 해서 이기는 사람과 결혼하겠다고 선언하고, 자신에게 질 경우에는 목숨을 내놓을 것을 요구했다. 아틀란타는 미모만큼이나 달리기도 빨라서 누구도 그녀를 이길 수 없었다. 아틀란타를 깊이 사랑하는 청년 히포메네스는 그녀에게 이기기 위해서 아프로디테에게 도움을 청했다. 아프로디테는 그에게 황금 사과 세 알을 주고 경주를 하면서 하나씩 떨어뜨리게 했다. 아틀란타는 히포메네스가 떨어뜨린 황금 사과를 줍느라 경주에 패배하고 그의 아내가 되었다.

헤라클레스의 12과업 중에도 황금 사과가 등장한다. 황금 사과를 구해 오라는 임무를 받은 헤라클레스는 우여곡절 끝에 사과나무가 있는 헤스페리데스에 도착했다. 그러나 머리 100개 달린 용 라돈이 지키고 있어 손에 넣기가 쉽지 않았다. 헤라클레스는 꾀를 내어 헤스페리데스 입구에서 하늘을 떠받치고 있는 거인 아틀라스에게 대신 사과를 가져다 달라고 부탁했다. 하늘을 떠받치는 일이 지겨웠던 아틀라스는 헤라클레스가 그 일을 대신 해 주겠다는 말에 흔쾌히 부탁을 들어 주었다. 과연 아틀라스는 황금 사과 3개를 가지고 돌아왔다. 그러나 다시 하늘을 떠받치고 있을 생각을 하니 끔찍해서 헤라클레스를 돌려보내지 않으려 했다. 헤라클레스는 그러면 앞으로 자기가 영원히 하늘을 떠받치고 있을 테니, 짚으로 엮은 똬리를 머리에 얹을 동안만 대신 하늘을 짊어져 달라고 부탁했다. 아틀라스는 그 말을 믿고 다시 어깨 위에 하늘을 짊어졌다. 짐을 내려놓아 자유로워진 헤라클레스는 황금 사과 세 알을 가지고 그대로 달아나 버렸다.

노르웨이에는 불의 신 로키가 젊음의 여신 이둔을 속이고 신들의 영원한 젊음을 유지하게 해 주는 사과를 훔쳐가 버리는 이야기가 전해진다. 갑자기 나이를 먹기 시작한 신들은 간신히 황금 사과를 되찾아 온다. 폴란드에는 한 젊은이가 스라소니 발톱을 이용해 황금 사과가 열리는 유리산 정상에 기어 올라가 마법에 걸린 공주를 구하는 이야기가 전해진다.

영국에서 사과나무는 남근의 상징이다. 젊은이들은 나무를 둘러싸고 사과즙을 뿌리고 춤을 추며 풍년을 기원하는 노래를 부른다. 소녀들은 사과 씨앗 몇 개에 미래의 남편감 이름을 붙여 주고는 물에 적셔 이마에 붙인다. 가장 오랫동안 떨어뜨리지 않은 소녀는 씨앗에 붙인 이름을 가진 남자와 결혼하게 된다.

캔터베리 대주교 성 던스턴이 불에 달군 집게로 악마의 코를 잡아당기고 유혹에서 벗어났다는 이야기도 유명하다. 그러나 영국 남부 지방의 일부 농부들은 성 던스턴이 대장장이이자 맥주 양조업자이기도 했으며, 자기가 만드는 맥주를 이웃의 사과주보다 더 잘 팔리게 해준다는 조건으로 악마에게 영혼을 팔았다고 믿는다. 거래 조건 중에는 5월 17일, 18일, 19일에 모든 사과나무가 얼어붙거나 병에 걸리게 하는 것도 있었다.

영국 남부 지방은 훌륭한 사과주로 유명하다. 타비스톡 애비의 수도사들은 과수원에서 직접 재배한 사과로 술을 담가 그것을 미끼로 수도사를 모집하려 했다. 그러나 톡 쏘는 맛이 너무 강했다. 그렇다고 와인과 섞어서 맛을 부드럽게 하기에는 비용이 너무 많이 들었다. 그래서 수도원장은 사과주를 더 부드럽게 만드는 공정을 개발하는 사람에게 상을 주기로 했다. 얼마 지나지 않아 키 작은 절름발이 노인 한 사람이 그 일을 해 보겠다고 나섰다. 그는 자기가 과수원과 사과주 제조에 관해 모르는 게 없다고 공언했다. 노인은 수도원에 방을 하나 내줄 필요도 없이 빈 술통 하나만 주면 그 안에서 기거하겠다고 말했다.

사과주 만드는 일을 맡고 있던 한 수도사가 노인의 외모와 행동에 호기심이 일어 노인이 낮잠을 자는 동안 술통 속을 몰래 들여다보았다. 노인은 한쪽 발이 발굽모양이었고 엉덩이에는 1미터에 가까운 긴 꼬리가 나 있었다. 수도사는 혼비백산하여 재빨리 새로 빚은 사과주를 노인이 잠자고 있는 통 속으로 쏟아 부었다. 노인은 깜짝 놀라 통에서 뛰쳐나와 저주를 퍼부으며 하늘로 솟아올라 사라져 버렸다. 격노한 노인이 발한 열기 때문에 사과주가 펄펄 끓었다. 수도사는 위험한 자를 수도원에서 내쫓았다는 만족감에 안도의 한숨을 내쉬며, 어느새 식어 버린 사과주를 배짱 좋게 한 모금 마셔 보았다. 눈이 커지고 심장이 고동쳤다. 그렇게 달콤하고 맛이 풍부하며 부드러울 수가 없었다. 악마가 사과주를 맛있게 빚는 방법을 가르쳐 준 셈이었다. 그때부터 모든 사과주를 불타는 유황에 부어 만들기 시작했다. 영국 데번 주 사람들은 좋은 사과주를 '성냥불'이라고 부른다.

사라수
Sal

인도에서 자라는 교목으로 살sal 또는 사라sala 나무라 불린다. 'sala'는 산스크리트어로 '단단한 나무'를 의미한다.

붓다의 어머니는 아들을 낳을 때 사라수 가지를 손에 쥐고 있었다. 붓다가 쿠시나가라의 숲 속에서 열반에 들 때도 사라수가 사방에 2그루씩 8그루가 서 있었다. 사라수沙羅樹는 제철이 아닌데도 무성하게 꽃을 피우고, 천상의 음악에 맞추어 꽃을 뿌려 위대한 이의 시신을 화려한 색과 향기로 뒤덮었다.

인도에서는 카스트 계급 하층민이 나무와 결혼하는 일도 드물지 않다. 남편감을 찾지 못한 소녀는 사라수 또는 사라수 꽃다발과 결혼하곤 한다. 일단 나무와 결혼하고 나서 다른 남자와 두 번째로 결혼하면, 천민과 결혼하는 것에 따르는 모든 위험과 불이익을 나무가 대신해 준다는 미신이 있어서 남편감을 찾기가 한결 수월해진다. 신부가 겪게 될 질병이나 사고도 나무가 대신 당해 준다. 그 외에도 단지 나무의 힘과 생식력을 취하고자 나무와 결혼하는 일도 있다.

사이프러스
Cypress

태양신 아폴론은 키파리소스Cyparissos라는 소년을 매우 총애했다. 키파리소스는 케오스 섬에 사는 건장한 수사슴과 둘도 없는 친구였다. 그러나 어느 날 실수로 창을 잘못 던져 수사슴을 죽이고 말았다. 키파리소스는 슬픔을 견디지 못하고 따라 죽으려 했으나 아폴론이 허락하지 않았다. 그러자 그는 아폴론에게 자신을 영원히 애통해하는 존재로 만들어 달라고 간청했다. 아폴론은 키파리소스의 소원을 듣고 그를 음침하고 축 늘어진 사이프러스로 만들어 주었다.

사이프러스는 죽음과 슬픔을 상징한다. 비너스는 사랑하는 아도니스를 잃었을 때 사이프러스 잔가지로 만든 화환을 머리에 쓰고 애도했다. 비극의 여신 멜포메네도 사이프러스로 만든 왕관을 쓰고 있다. 이집트 미라들도 사이프러스 관에서 잠든다. 그리스와 로마에서는 주로 묘지에 심었고, 십자가도 이 나무로 만들었다.

페르시아를 건국한 키로스의 무덤 근처에 있는 사이프러스는 이슬람교의 안식일인 금요일마다 피를 흘려서 신성한 존재로 여겨졌다. 그러나 다른 곳에서는 사이프러스를 자유롭게 베어서 사용했다. 노아의 방주도 사이프러스로 건조되었다. 페니키아와 크레타에서는 나무가 상징하는 바와 관계없이 가옥이나 선박 건조에 사용했다. 동양에서는 사이프러스의 원뿔형 모양에서 불꽃을 연상했다. 페르시아에서는 불의 신전 주위에 이 나무를 심었고, 조로아스터는 이 나무 그늘 밑에서 살았다. 풍작의 여신 케레스는 이 나무로 아에트나 화산의 분화구를 막아 불의 신 불카누스를 산 아래 가두어 버렸다.

이탈리아 북부 롬바르디아에 있는 사이프러스는 유럽에서 가장 나이 많은 나무이다. 높이가 37미터에 달하는 이 나무는 카이사르 시대에도 있었다. 모든 것을 파괴했던 나폴레옹도 스위스와 이탈리아 사이에 있는 심플론 고개를 가로지르는 도로를 건설하면서 이 나무만은 베지 못하게 했다.

산사나무
Hawthorn

예수가 십자가에 못 박혀 처형당하기 얼마 전의 일이다. 예수가 나무 그늘에서 잠시 쉬고 있는데 로마 병사들이 그를 뒤쫓아 왔다. 그때 까치 떼가 날아와 가시 돋친 산사나무 가지로 뒤덮어 그를 숨겨 주었다. 병사들이 물러가자 제비 떼가 날아와 가시덤불을 치워 주었다. 이 사건 이후로 산사나무는 까치, 제비와 함께 신성한 것으로 여겨진다.

예수의 시신을 장사 지낸 아리마데의 요셉은 글래스턴베리에 잉글랜드 최초의 그리스도교 교회를 설립했다. 요셉은 처음 그곳에 도착했을 때 잠시 휴식을 취하며 산사나무 지팡이를 땅에 꽂았다. 그러자 지팡이가 곧바로 뿌리를 내리고 꽃을 피웠다고 전해진다. 샤를마뉴 대제도 요셉과 비슷한 일을 경험했다. 그가 산사나무로 만들었다는 예수의 가시 면류관 앞에서 무릎 꿇고 기도하자, 수 세기 동안 바짝 말라 있었던 면류관에서 꽃이 피고 신비로운 향기가 퍼져 나갔다고 한다.

칼뱅파 신도 수천 명이 살해당한 성 바르톨로메오의 학살 때, 신교도를 죽이는 데도 싫증이 나고 뭔가 꺼림칙하기도 했던 학살자들은 살아남은 사람들이 도망치도록 그냥 내버려 두었다. 그러자 성직자들은 이교도 박해가 천국에서 보상받을 훌륭한 일이라며 학살을 더욱 독려했다. 그들은 어린 신교도 아이들의 무덤에 산사나무를 심고, 거기에서 꽃이 피는 것으로 학살의 정당성을 증명하려 했다. 산사나무가 이교도의 피를 마시고 새로운 힘을 얻는다는 논리였다. 무덤에 심은 산사나무에는 놀라울 정도로 꽃이 만발했다. 사람들은 신교도 학살이 신의 뜻임을 더는 의심하지 않고 살육에 박차를 가했다.

석류
Pomegranate

석류는 기독교 예술에서 희망을 상징한다. 에덴동산에는 석류가 무성하게 자란다고도 한다. 터키에는 신부가 석류를 바닥에 던져 땅에 떨어진 씨앗의 수만큼 아이를 갖게 된다는 속설이 있다.
그러나 고대 그리스신화에서는 석류가 지옥의 열매로 그려진다. 대지와 곡물의 여신 데메테르에게는 프로세르피나라는 아름다운 딸이 있었다. 어느 날 지옥의 신 하데스가 프로세르피나를 보고 한눈에 반해 납치해서 지옥으로 데리고 가 버렸다. 딸을 잃은 데메테르는 즉시 주신 제우스에게 도움을 청했다. 제우스는 동생 하데스가 아내를 맞는 데 반대할 생각이 없었다. 그는 프로세르피나가 지옥의 음식을 아무것도 먹지 않았으면 데려올 수 있으나 그렇지 않으면 자기도 어쩔 수 없다고 말하며 헤르메스를 사신으로 보냈다.

억지로 끌려온 프로세르피나는 물 한 방울 입에 대지 않고 있었다. 아무리 달래도 소용이 없었다. 헤르메스는 제우스가 시키는 대로 하데스에게 몰래 조건에 대해 말해 주었다. 하데스는 무릎을 치고는 프로세르피나에게 달려가 집에 보내줄 테니 그만 울라고 달래며 지옥의 열매인 석류 4개를 내밀었다. 먼 길을 떠나야 할 테니 원기를 회복하라는 뜻이었다. 프로세르피나는 어머니 곁으로 돌려보낸다는 말만 믿고 기쁜 마음으로 석류를 받아서 먹었다. 헤르메스가 뒤늦게 나타나 안타까워 죽겠다는 표정을 지으며 제우스가 내건 조건을 이야기해 주었다. 프로세르피나는 그제야 속았다는 걸 깨달았지만 지난 일을 돌이킬 수는 없었다. 그녀는 슬피 울며 하데스의 아내가 되었다.

헤르메스가 훌륭하게 임무를 완수하고 돌아오자 제우

스는 매우 흡족해했다. 그러나 데메테르는 슬픔에 젖어 완전히 생기를 잃어버렸다. 그 바람에 땅이 황폐해지고 곡식이 한 톨도 자라지 않았다. 제우스는 할 수 없이 절충안을 내놓았다. 프로세르피나가 석류 4개를 먹었으니, 1년 중 4개월은 지옥에서 보내고 4개월은 데메테르 곁에서 지내며, 나머지 4개월은 원하는 곳에서 지내도록 해 주자는 것이었다. 모든 걸 포기했던 데메테르와 프로세르피나로서는 그 정도로도 감지덕지였다. 자기 때문에 지상이 황폐해지게 생겼으니 하데스도 더는 욕심을 부릴 수가 없었다. 그 이후로 프로세르피나가 지옥에 있는 4개월 동안에는 데메테르가 슬픔에 젖어 겨울이 찾아오고, 딸이 돌아오는 봄이 되면 언 땅이 녹고 새싹이 돋으며 곡식과 열매가 자라게 되었다. 1년 중 4개월을 땅속에서 보내는 프로세르피나는 씨앗에 비유되기도 한다.

선인장
Cactus

멕시코 국기 한가운데에는 독수리가 독사를 물고 선인장에 앉아 쉬고 있는 문장이 그려져 있다. 아즈텍인들이 풍요롭고 안전한 땅을 찾아 정착하려고 할 때, 그들의 신관이 독수리가 호숫가 선인장 위에서 뱀을 물고 앉아 있는 곳에 도읍을 건설하라는 신탁을 내렸다는 전설을 나타내는 문장이다. 아즈텍인들은 1312년에 지금의 멕시코시티에 해당하는 곳에서 마침내 조건에 맞는 땅을 찾아 그들이 늘 꿈꾸었던 것보다 더 훌륭한 도시를 건설했다.

페루의 마법사들은 선인장 가시로 부두교의 주술적인 힘을 발휘해 멀리 떨어진 곳에 있는 사람들을 죽이거나 다치게 했다고 한다. 헝겊이나 진흙으로 표적이 된 사람 인형을 만들어 주문을 외우며 선인장 가시로 찌르는 것이다.

선인장은 수분이 풍부하기 때문에 사막에서 길을 잃은 사람에게는 매우 귀중한 존재이다. 온화한 기후에 사는 사람들에게는 낯선 일이지만, 선인장은 풍요의 상징이기도 하다. 선인장은 600여 종이 있는데, 그중 노팔 선인장과 코치닐 선인장은 식용으로 쓰인다. 일부 남쪽 지방에서는 말이 선인장 가시에 찔렸을 때 흰 점이 나타나면 중독된 것이고, 나타나지 않으면 아무 통증도 느끼지 않는다고 믿는다.

세이지
Sage

흔히 살비야라고도 불리는 꿀풀과의 여러해살이 풀이다. 세이지는 원래 속이 빈 참나무 속에 사는 요정이었다. 참나무 옆 물웅덩이에는 세이지의 미모를 무색하게 하는 아름다운 노란 수선화가 피어 있었다. 그러나 세이지는 노란 수선화를 조금도 질투하지 않았다. 그렇다고 자만한 것도 아니다. 수면에 아름다운 얼굴을 비추어 보면서도 겸손함을 잃지 않았고, 나무에 핀 꽃들을 진심으로 사랑했다. 세이지는 그곳에서 오랫동안 평화롭고 행복하게 살았다. 그녀는 사람을 한 번도 본 적이 없었다.
그러던 어느 날 왕이 사냥하러 오는 바람에 요란한 뿔피리 소리와 개 짖는 소리로 숲의 평화로운 고요함이 깨져 버렸다. 왕은 참나무 앞에서 세이지를 보고 그 은은한 매력에 완전히 마음을 빼앗겼다. 세이지도 왕의 늠름한 모습에 마음이 흔들려 사랑에 빠지고 말았다. 영원히 살 수 없는 자를 사랑한다는 것은 요정에게 죽음을 의미했다. 그러나 세이지는 왕이 사랑을 고백하는 순간 모든 것을 포기하고 말았다.

"행복한 시절이 끝나 버렸군요. 하지만 고독 또한 아름다울 수 있습니다. 기쁜 마음으로 당신과 함께하겠습니다. 저의 사랑을 구하셨으니 제 목숨을 드리겠습니다."

왕은 세이지의 말을 다 이해하지는 못했지만 세이지가 자신의 사랑을 받아들였다는 것만은 확실했으므로 열정적으로 그녀를 끌어안았다. 세이지도 애정을 듬뿍 담아 포옹에 응했다. 그러나 이내 팔을 툭 떨어뜨리고는 고개를 숙이고 말았다. 깜짝 놀란 왕은 서둘러 세이지를 강으로 데려가 물에 적셔 그녀를 되살리려 애썼다. 그러나 차가운 강물로도 뜨거운 사랑의 열기를 식힐 수는 없었다. 사랑은 연약한 세이지가 감당하기에는 지나치게 뜨거웠다. 세이지는 끝내 숨을 거두고 말았다. 왕이 슬피 울며 숲을 떠나 버렸다. 이것은 태양을 사랑하여 한없이 바라보다가 뜨거운 열기 속에 지는 세이지 꽃을 상징하는 이야기이다.

소나무
Pine

올림포스 신들의 어머니 레아가 한 목동과 사랑에 빠졌다. 레아의 사랑은 진실했지만, 목동은 순간의 불장난이었기 때문에 곧 레아를 떠났다. 화가 난 레아는 목동을 소나무로 만들어 버렸다. 그러나 얼마 지나지 않아 잘생긴 목동의 얼굴이 그리워져서 나무 그늘에 앉아 슬피 울며 지냈다. 그 모습을 본 제우스는 레아가 사계절 내내 연인을 추억할 수 있도록 소나무를 겨울에도 시들지 않는 상록수가 되게 해 주었다. 중국에서는 한겨울 추위에도 한여름의 모습을 잃지 않는 소나무와 대나무를 역경에 굴하지 않는 우정의 상징으로 여긴다. 소나무의 어원 'pinus'는 뗏목을 의미한다. 초기에는 주로 소나무로 뗏목을 만들었기 때문에 생긴 이름이다. 그래서 고대 그리스인들은 소나무를 바다의 신 포세이돈의 나무로 숭배했다.

일본에도 소나무에 얽힌 이야기가 전해진다. 자식도 없이 개 한 마리를 키우며 사는 노부부 한 쌍이 있었다. 노부부는 어느 날 개가 전에 없이 열심히 바닥을 파헤치는 걸 보고 이상하게 여겨 함께 파 보았다. 그곳에는 엄청난 양의 보물이 묻혀 있었다. 이웃에 사는 사람이 소문을 듣고 찾아와 자기도 보물을 한 번 찾아보겠노라며 개를 하루만 빌려 달라고 청했다. 인심 좋은 부부는 흔쾌히 응했다. 그러나 개는 이 욕심 많은 사람에게 보물 대신 쓰레기만 한가득 안겨 주었다. 이웃은 너무 화가 나서 개를 죽여 버리고 시체를 소나무 밑에 묻었다.

개의 시체에서 양분을 얻은 소나무는 엄청난 크기로 자랐다. 개의 영혼이 깃든 나무는 계속해서 사랑하는 주인 부부에게 봉사했다. 주인이 이 나무 조각으로 만든 절구를 쓸 때마다 바닥에서 곡식이 샘처럼 솟았다. 소문을 들은 이웃 사람이 다시 찾아와 절구를 빌려 달라고 청했다. 마음 착한 노부부는 개를 잃은 슬픔도 잊고 흔쾌히 절구를 빌려 주었다. 그러나 그가 절구를 사용하자 곡식 대신 벌레와 진흙이 끝도 없이 넘쳐흘렀다. 그는 화가 나서 절구를 산산조각 내어 불태워 버렸다.

부부는 잿더미 속에서 절구 조각을 모아 산에 올라 이 나무 저 나무에 뿌렸다. 그러자 한겨울이었음에도 나무들이 잎과 꽃을 피우고, 죽은 나무까지 되살아났다. 영주는 수많은 나무를 되살린 공로를 치하하며 노부부에게 큰 상을 내렸다. 그 소식을 들은 사악한 이웃 사람은 또 배가 아파서 견딜 수가 없었다. 그는 자기도 똑같은 상을 받으려고 소나무를 태운 재를 모아 이곳저곳에 뿌리고 다녔다. 그러나 아무 일도 일어나지 않았다. 그는 초조한 마음에 재를 마구잡이로 흩뿌려댔다. 그 바람에 마침 말을 타고 그곳을 지나던 영주의 눈에 재가 들어가고 말았다. 영주는 이 무례하고 조심성 없는 사내에게 엄한 벌을 내렸다.

수레국화
Cornflower

나폴레옹 1세가 프러시아를 침략했을 때의 일이다. 루이즈 여왕은 아이들을 데리고 급히 도망쳐 들판에 숨었다. 여왕은 아이들을 안심시키고 지루함을 달래주려고 수레국화로 화환을 만들어 머리에 씌워 주었다. 그 아이들 중에 훗날 독일을 통일하고 나폴레옹 3세 치하 프랑스에 앙갚음하는 빌헬름 1세가 있었다. 빌헬름 1세는 그때의 수레국화를 잊지 않고 황실의 문장으로 삼았다.

켄타우로스 케이론은 머리 100개 달린 히드라의 피를 바른 화살에 맞고 이 꽃으로 상처를 치료했다. 이 전설이 왜곡되어 수레국화를 태우면 뱀을 쫓아 버릴 수 있다는 믿음이 생겼다. 수레국화의 학명 '센토레아 키아누스Centaurea cyanus'는 '켄타우로스centaur'에서 따왔다. 수식어 '키아누스'는 꽃의 여신 플로라를 숭배해 죽는 순간까지 신전에 꽃을 바친 그리스 청년의 이름이다. 그가 죽자 미처 다 꼬지 못한 화환이 주위에 흩뿌려졌다. 여신은 그 꽃에 키아누스라는 이름을 붙였다.

수련
Water-lily

독일에 사는 요정들은 연못가에서 놀다가 사람이 다가오는 기척을 느끼면 재빨리 수련으로 변신해 모습을 숨기고, 한참 후 주변이 안전해지면 다시 아름다운 여성의 모습으로 돌아온다. 물의 정령이 수련 잎사귀 밑에 숨어서 아무도 꽃에 손을 대지 못하도록 지켜 준다.
미국 뉴욕 주 동북부 사라나크 호수에 사는 아름다운 처녀 오시타는 젊고 용맹한 추장 와이오타를 깊이 사랑했다. 그러나 그녀의 부모는 오시타의 마음을 무시하고 딸을 좀 더 유순한 청년에게 시집보내려고 했다. 오시타는 가슴이 찢어질 듯 아팠지만 부모에게 순종해 와이오타를 애써 피했다.

그러던 어느 날 와이오타가 다른 부족과의 전투에서 큰 승리를 거두고 마을로 돌아왔다. 개선장군 와이오타는 카누에서 뛰어내리며 오시타를 끌어안으려 했지만 그녀는 그를 밀쳐 내며 외면했다. 노래를 한 곡 불러 달라고 청해도 묵묵부답이었다. 영문을 알 수 없어 바짝 애가 탄 와이오타는 팔을 뻗어 오시타를 붙들려 했다. 오시타는 팔을 뿌리치고 돌아서서 달아나 버렸다. 와이오타가 서둘러 뒤를 쫓았다. 오시타는 호숫가에 서서 와이오타를 사랑하지만 둘은 이루어질 수 없는 관계이니 그냥 돌아가라고 부탁했다. 와이오타는 말을 듣지 않았다. 한 발짝만 더 다가오면 호수로 뛰어들겠다고 위협해도 소용이 없었다. 와이오타는 오시타 곁으로 다가가 미소를 지으며 손을 잡으려 했다. 오시타는 손을 잡히기 직전 호수로 뛰어들고 말았다. 와이오타는 깜짝 놀라 그녀를 구하러 물속에 뛰어들었다. 그러나 이상하게도 오시타가 보이지 않았다. 그녀는 강물에 떨어진 빗방울처럼 흔적도 없이 사라지고 말았다.

와이오타는 호수를 샅샅이 뒤졌으나 끝내 그녀를 찾지 못하고 터덜터덜 마을로 돌아왔다. 그는 조금 전 있었던 기이한 일을 마을 사람들에게 이야기했다. 오시타의 부모를 비롯한 마을 사람들이 모두 함께 슬피 울며 애도했다. 다음날 사냥을 나갔던 전사 하나가 급히 마을로 돌아오며 소리쳤다.

"물 위에 꽃이 피고 있습니다!"

사람들은 말도 안 된다고 생각하면서도 전사가 말한 곳으로 가보았다. 그러자 믿기지 않는 광경이 펼쳐졌다. 호수가 난생 처음 보는 아름답고 향기로운 꽃으로 뒤덮여 있는 것이었다. 새하얀 꽃잎 한가운데는 황금색으로 빛나고 있었다. 사람들은 두려움에 떨며 부족의 사제를 찾아갔다.

"어제까지만 해도 이렇지 않았습니다. 이게 도대체 무슨 의미입니까?"

사제가 대답했다.

"오시타가 목숨을 바쳐 새롭게 태어난 꽃이다. 그녀의 영혼은 이 꽃잎처럼 순결했다. 그녀의 사랑은 꽃 한가운데 품은 황금처럼 고결했다."

오시타는 태양이 따뜻하게 비추면 꽃잎을 활짝 펼치고, 해가 지면 꽃잎을 닫고 물 위에서 잠드는 사라나크 호수의 수련이 되었다.

수선화
Narcissus

　　수선화는 그리스신화에 나오는 미소년 나르키소스Narcissus의 이름을 그대로 따온 꽃이다. 그에게 반해 구애하는 처녀와 요정들이 수를 헤아릴 수도 없었지만 나르키소스는 거들떠보지도 않았다. 특히 요정 에코가 나르키소스를 열렬히 사랑했다. 에코는 짝사랑의 고통을 견디지 못해 형체는 사라지고 메아리echo만 남았다. 메아리의 도를 넘은 사랑은 자신뿐 아니라 사랑하는 사람마저 파멸로 이끌었다. 그녀는 복수의 여신 네메시스에게 나르키소스도 자신과 똑같이 사랑의 아픔을 겪게 해 달라고 빌었다. 네메시스는 메아리의 부탁을 흔쾌히 들어 주었다. 그래서 샘물을 마시려고 고개를 숙인 나르키소스가 우연히 물에 비친 자신의 모습을 보고 사랑에 빠지게 만들어 버렸다.

나르키소스가 너무나 아름다운 자신의 모습에 반해 물속으로 뛰어들어 죽었는지, 그 자리를 떠나지 못하고 탈진해서 죽었는지는 의견이 분분하지만 어쨌건 그는 그곳에서 죽음을 맞았다. 나르키소스를 사랑하던 요정들은 그의 죽음을 슬퍼하며 그를 묻어 주려 했다. 그러나 시체를 찾을 수가 없었다. 대신 그가 있던 자리에 수선화 한 송이가 피어 있었다. 일설에는 나르키소스가 자기 모습에 반한 것이 아니라, 먼저 죽은 쌍둥이 여동생을 그리워하며 실의에 빠져 우물을 들여다보다가 목숨을 잃었다고도 한다.

나르키소스는 꽃이 되어서도 수많은 인간과 신들의 사랑을 받았다. 명계의 신 플루토도 수선화를 이용해서 페르세포네를 지옥으로 유인했다. 소포클레스는 올림포스의 여신들이 사시사철 피어 있는 수선화로 왕관을 만들어 쓴다고 전한다.

그리스에서 수선화는 비극의 상징이며, 망자가 지하의 신들 앞에 설 때 수선화로 엮은 관을 쓴다고 믿었다. 수선화가 정신을 둔하게 하고, 광기를 부추기고, 죽음을 가져온다고 믿었기 때문이다. 나르키소스의 어원인 그리스어 'narke'는 강력한 마약narcotic을 뜻하기도 한다.

스노드롭
Snowdrop

　최초의 겨울이 찾아와 지상이 눈으로 뒤덮였다. 겨울이 계속되자 이브는 아름답던 풍경을 그리워하며 슬픔에 젖었다. 이브를 지켜보다 문득 측은한 마음이 든 천사는 떨어지는 눈송이 하나에 가만히 생명의 숨결을 불어넣었다. 눈송이는 땅에 떨어져 꽃을 피웠다. 이브는 크게 기뻐하며 꽃을 가슴에 품었다. 단지 겨울의 저주를 뚫고 핀 꽃이었기 때문만은 아니다. 이브는 그것이 신의 자비를 뜻한다고 확신했다. 그때부터 스노드롭은 위로와 구원의 약속을 뜻하는 꽃이 되었다. 스노드롭은 백합목 수선화과의 꽃으로, 추위에 매우 강해서 겨울에서 이른 봄까지 꽃을 피운다.
그러나 잉글랜드 시골에서는 스노드롭이 그렇게 환영받지 못한다. 농부들은 처음 핀 스노드롭 가지를 집으로 가져오면 불운이 찾아온다고 믿는다. 이성에게 이 꽃을 주었다가는 엄청나게 무례한 사람으로 취급받을 수 있다. 이 꽃을 주는 것은 받는 사람이 죽었으면 좋겠다는 뜻이기 때문이다.

시계꽃
Passion Flower

시계 눈금이 그려진 듯한 꽃부리에 암술이 시곗바늘처럼 생겨서 우리는 시계꽃이라 부르지만, 기독교에서는 예수의 수난Passion을 상징하는 꽃으로 여긴다. 꽃부리는 머리에 쓴 가시관을, 암술대는 손과 발에 박힌 못을, 5개의 수술은 예수가 입은 상처 5군데를 가리킨다. 스페인 군대는 남아메리카 정글에서 이 꽃을 발견하고 아메리카 원주민들이 기독교로 개종하리라 확신했다고 한다.

단순히 상징적인 유사성뿐 아니라, 시계꽃 안에 정말로 못, 기둥, 면류관 등 십자가의 각 부분이 축소되어 들어 있다고 믿은 선교사도 있었다. 모든 성직자가 시계꽃이 신의 신비를 담은 경이로운 식물이라고 설파했다. 17세기 예수회 사람들은 시계꽃 안에 예수를 못 박았던 바로 그 못과 십자가 조각 등이 실제로 들어 있다고 선언했다. 식물학자 헉슬리는 이런 터무니없는 주장에 분개하여 다음과 같이 말했다.

"감히 말하건대, 신은 결코 그의 종들이 신도들을 거짓말로 이끌기를 원치 않으리라. 거짓말은 사탄의 작품이기 때문이다."

쑥
Motherwort

한방에서는 쑥을 약으로 쓰지만 프랑스에서는 독성이 있는 쑥을 써서 일명 '악마의 술'이라 불리는 독주 압생트를 빚었다. 압생트는 고농도 알코올에 쑥 잎과 줄기를 잘게 썰어 넣고 다시 증류해서 만든다. 당분이 전혀 없고 쑥 특유의 녹색을 띠는 이 술은 환각성이 대단히 강하고 값도 싸서 '예술가의 술'이라고도 불린다. 랭보, 고흐, 헤밍웨이, 에드거 앨런 포 등이 이 술을 즐겨 마셨다. 마시면 초록색 요정이 보인다 하여 '초록 요정의 술'이라는 별명도 붙었다.

'압생트absinthe'라는 이름은 주재료인 쑥의 라틴명 '압신티움absinthium'에서 따왔다. 압생트는 환각상태를 가져오고 뇌 세포를 파괴하며, 신경과민 등 다양한 정신 질환을 유발한다는 사실이 인정되어 한때 생산이 금지되었다. 그러나 유해성분을 조절하여 1981년부터 다시 합법화되었다. 따라서 현대의 압생트는 고흐나 랭보가 마시던 예술가의 술과는 다소 차이가 있다. 고흐의 시대에는 80도에 달하는 독주였다고 한다.

러시아에서는 쑥이 망각의 풀이다. 그 이름을 말하면 중요한 무언가를 잊게 된다는 전설이 있다. 전설의 주인공은 한겨울 숲 속에서 길을 잃고 헤매다가 깊은 구덩이에 빠진 한 여성이다. 땅굴 속에는 빛나는 돌이 하나 있고 그 돌을 지키는 뱀들이 가득했다. 먹을 것 하나 없는 굴속이지만 뱀들은 통통하게 살이 올라 있었다. 가만히 보니 뱀들은 틈틈이 빛나는 돌을 한 번씩 핥고 있었다. 여인이 용기를 내서 따라해 보니 저절로 배가 불렀다. 혀를 가져다 대기만 해도 원기가 회복되는 마법의 돌이었다. 뱀들은 인색하게 굴지 않고 여인이 목숨을 부지할 수 있도록 자리를 내어 주었다. 뱀들의 여왕은 그녀에게 뱀의 언어를 가르치고 모든 식물의 쓰임새를 자세히 알려 주며, '쑥'이라는 말을 하면 자기가 가르쳐 준 것을 모두 잊게 된다고 경고했다.

봄이 오자 뱀들은 서로 몸을 엮어 사다리를 만들어 여인을 굴 밖으로 내보내 주었다. 여인은 인간 세계로 돌아가 뱀이 가르쳐준 식물에 대한 지식을 유용하게 사용했다. 사람들은 여인의 지식에 경탄하고 부러워했다. 그중 한 명이 짧은 시간에 그렇게 놀랍도록 방대한 지식을 습득한 비결을 물었다. 여인은 뱀들이 보여준 관용의 정신을 본받아 솔직하게 말해 주었다. 그러자 상대는 자기도 그런 경험을 하고 싶다며 그 땅굴이 어디에 있는지 꼭 좀 알려 달라고 부탁했다. 여인은 그곳에 가는 길을 설명하며 아무 생각 없이 "길 양옆으로 쑥이 자란다"라고 말했다. 그러고는 뱀의 언어와 모든 신비로운 지식 그리고 그곳으로 가는 길까지 한순간에 모두 잊어버리고 말았다.

아네모네
Anemone

소년 아도니스는 용모가 매우 뛰어나 미의 여신 아프로디테의 사랑을 받았다. 아도니스가 사냥 중에 자신이 쫓던 멧돼지에 물려 죽자 아프로디테는 슬픔에 젖어 눈물로 대지를 흠뻑 적셨다. 여신의 눈물은 증발해서 공기 속으로 되돌아가기에는 너무나 고귀해서 아네모네 꽃으로 변했다. 아프로디테의 눈물은 장미꽃이 되고, 멧돼지에 물려 흘린 아도니스의 피가 아네모네 꽃이 되었다는 설도 있다.

영어권에서는 봄바람을 부르는 꽃이라는 뜻으로 '바람꽃wind-flower'이라 부르기도 한다. 중국에서는 아네모네를 죽음의 꽃으로 보았다. 슬픔과 고통을 가져오는 위험한 꽃으로 통한다. 로마 시대에는 캄파냐 평원에서

도시로 날아든 모기가 옮기는 말라리아의 치료제로 쓰이기도 했다.

그리스신화에는 아네모네에 얽힌 또 다른 전설도 있다. 남풍南風의 신 제피로스는 꽃과 번영의 여신 클로리스를 사랑해서 꽃과 열매가 대지에서 솟아나도록 숨결을 불어넣었다. 제피로스는 클로리스를 납치해서 결혼하고, 자신의 사랑이 진실함을 증명하고자 아내에게 꽃을 피우는 모든 것에 대한 지배권을 주었다. 그러나 제피로스는 바람기 많은 그리스 신답게 클로리스의 시녀인 님프 아네모네와 사랑에 빠지고 만다. 클로리스는 그 사실을 알고 질투에 눈이 멀어 시녀 아네모네를 꽃으로 만들어 버렸다고 한다.

아네모네의 꽃말은 '사랑의 괴로움'이다.

아르부투스
Arbutus

백발이 성성한 인디언 노인이 낡은 움막 안에 홀로 앉아 있었다. 움막 위 소나무 가지에는 쭉 뻗은 고드름이 주렁주렁 열려 있었다. 노인은 털옷으로 온몸을 꽁꽁 싸매었지만 추위는 가시지 않았다. 게다가 사흘이나 아무것도 먹지 못해 잔뜩 허기져 있는 상태였다.
노인이 더는 참지 못하고 소리쳤다.
"위대한 영혼이여! 저를 구원해 주소서! 저는 겨울의 정령입니다. 저는 이제 너무 늙고 지쳤습니다. 먹을 음식도 하나 없습니다. 이 늙은이가 하얀 곰이라도 찾으러 북쪽으로 떠나야겠습니까?"
그는 꺼져 가는 불길에 입으로 바람을 불었다. 모닥불은 잠시 동안 활활 타올라 사슴가죽으로 덮인 노인의 천막을 훈훈하게 덥혀 주었다. 노인은 위대한 영혼이 곧 응답해 주리라 믿고 모닥불 위로 몸을 기울인 채 잠시 기다렸다.
움막 문이 걷히고 사슴 같은 눈망울을 한 예쁜 소녀가 걸어 들어왔다. 소녀는 짙은 머리칼을 길게 늘어뜨리고 풀과 나뭇잎으로 엮은 옷을 입은 채, 여린 버드나무 가지 위에 벨벳 옷을 받쳐 들고 있었다.
"저는 시군이라고 합니다."
소녀가 자신을 소개하자 노인이 대답했다.
"어서 와라, 시군. 이리 와서 불을 좀 쬐려무나. 나는 위대한 영혼께 도움을 청하고 있었다. 네가 무엇을 해 줄 수 있느냐?"

"당신이 무엇을 할 수 있는지부터 말씀해 주세요."
"나는 겨울의 정령이다. 젊은 시절에는 뭐든지 할 수 있었지. 내가 입김만 불어도 강이 얼어붙고 나뭇잎이 떨어지고 꽃이 시들었단다."
"저는 여름의 정령입니다. 제가 입김을 불면 꽃이 피어나고, 지나간 자리에는 시냇물이 흐릅니다."
"내가 고개를 저으면 눈이 마치 백조 깃털처럼 쏟아져 내린다. 대지를 죽음의 옷으로 뒤덮어 버리지."
"제가 고개를 저으면 따뜻하고 부드러운 비가 내리지요. 제가 부르면 새들이 대답하고, 발밑에서는 풀이 무성하게 자라납니다. 제 움막은 이곳처럼 어둡지도 굳게 닫히지도 않았답니다. 높고 푸른 여름 하늘이 바로 제 움막이니까요. 당신은 이제 떠나야 합니다. 당신께 그 말을 전하라고 위대한 영혼께서 저를 보내셨습니다."
노인은 하늘을 우러러보며 털옷을 더욱 단단히 여몄다. 그러나 손에 힘이 들어가지 않았다. 노인의 머리가 어깨 위로 툭 떨어졌다.
눈이 후드득 녹아 떨어지는 소리가 들리기 시작했다. 시군이 늙은 정령의 엎드린 몸 위로 손을 흔들자 노인의 몸이 점점 작아지더니 흔적도 없이 사라져 버렸다. 털옷은 나무 잎사귀로 바뀌고, 움막은 나무가 되었다. 몇몇 잎사귀는 아직 완전히 가시지 않은 한기에 얼어

붙어 딱딱하게 굳었다. 시군은 잎사귀를 들어 머리카락 속에 품어 녹인 다음, 색깔이 변하자 땅에 두고 입김을 불어넣었다. 시군의 온기를 받아 싱싱해진 잎사귀들은 무성하게 피어올라 나무가 되고, 꽃을 피워 달콤한 향기를 뿜었다.

시군이 만족스러운 표정으로 말했다.

"아이들이 이걸 보면 겨울이 가고 내가 돌아왔음을 알 테지. 주위에 아직 눈이 남아 있지만, 이 꽃이 내가 대지를 지배했다는 증표야. 얼음이 녹아 강이 흐르면 더욱 포근해질 거야."

시군이 심은 이 나무가 아르부투스이다. 탐스럽게 빨간 열매가 열려서, 유럽에서는 딸기나무라고도 부른다.

아마
Flax

대지의 여신 힐다는 인류에게 아마로 섬유를 짜는 법을 가르쳐 주고, 1년에 두 번 동굴에서 나와 사람들이 가르쳐 준 대로 잘해 나가고 있는지 확인한다. 먼저 아마꽃이 푸른빛으로 피어나는 여름에는 사람들이 아마를 충분히 많이 심었는지 살펴본다. 겨울에는 부인들이 섬유를 잘 짜고 있는지, 가장이 입은 옷이 얼마나 깨끗한지 검사한다. 기준을 충족하지 못한 가정은 게으르고 낭비가 심하다는 뜻이다. 힐다는 그런 가정에 벌을 내리기 위해 이듬해 농작물을 망쳐 버린다.

힐다는 풍요의 여신이다. 북유럽 사람들은 그녀의 상징인 아마를 생명의 한 형태로 바라본다. 게르만족은 아기가 잘 자라지 못하면 발가벗겨 풀밭에 눕히고 그 위로 아마씨를 흩뿌린다. 씨앗이 땅에 떨어져 뿌리를 내리고 꽃을 피우면 그 생명력이 아기에게 전해져 잘 자라난다고 믿는다.

아마란스
Amaranth

아마란스는 식용, 관상용 그리고 염료 등 쓰임새가 다양한 풀이다. 단백질이 풍부한 씨앗은 마야 시대부터 시리얼로 애용되었고, 멕시코에서는 한 번 튀겨낸 다음 꿀이나 시럽을 섞어 과자로 만들어 먹는다. 시금치와 비슷한 잎은 인도, 중국, 아프리카 등 여러 지역에서 식용으로 쓰인다.

'아마란스'는 '영원히 시들지 않는' 꽃이라는 의미로, 고대인들은 천국이 이 꽃으로 장식되어 있다고 믿었다. 낙원에는 영원히 시들지 않는 죽음의 꽃 아스포델도 있지만 그리스에서는 불멸을 상징하는 아마란스를 장례식에 사용했다.

아마란스는 피처럼 짙은 진홍색이어서 '러브 라이스 블리딩love-lies-bleeding, 사랑이 피를 흘리며 쓰러지다'라는 이름으로 불리기도 한다. 프랑스에서는 '수녀의 재앙'이라고도 한다. 프랑스인에게는 이 꽃이 죄를 참회하는 사람이 견뎌내야 하는 채찍처럼 보이는 모양이다. 가톨릭 국가들은 그리스의 전통을 그대로 이어받아 부활절에 아마란스로 교회를 치장한다.

아몬드
Almond

항해 중에 트라키아 해변에 좌초한 트로이 전사 데모폰은 트라키아 공주 필리스와 사랑에 빠져 결혼을 약속한다. 데모폰은 왕에게 돈을 빌려 배를 수리한 다음 가능한 한 빨리 돌아와 결혼식을 올리겠다는 약속을 남기고 고향으로 돌아갔다. 그러나 데모폰은 정욕을 주체하지 못해 약속을 저버리고 고향에서 만난 여인과 결혼하고 말았다.

필리스는 매일 수평선을 바라보며 데모폰의 배가 나타나기만을 손꼽아 기다렸다. 아무리 기다려도 약혼자가 오지 않자 그녀는 슬픔에 잠긴 채 병이 들어 세상을 떠나고 말았다. 신들은 필리스를 가엾게 여겨 아몬드나무로 만들어 주었다.

아몬드나무는 해변에 서서 수평선을 바라보며 오지 않는 사랑을 끊임없이 기다렸다. 기나긴 기다림 끝에 마침내 데모폰이 돌아왔다. 그가 잘못을 뉘우쳤는지, 아니면 무언가 이익을 노리고 돌아왔는지는 중요치 않다. 필리스의 이야기를 전해들은 데모폰은 양심의 가책을 느끼고 아몬드나무를 찾아간 후 주저앉아 나무 밑동을 껴안고 통곡했다. 눈물이 떨어져 뿌리에 닿자 나무는 꽃을 활짝 피워 기쁨을 표현했다.

이탈리아 토스카나 지방에서는 숨겨진 보물을 찾을 때 개암나무 대신 아몬드나무 가지를 이용한다. 가톨릭은 아몬드나무를 동정녀의 상징으로 삼고, 이슬람은 천국의 희망으로 본다. 히브리 설화에 따르면 교회에 놓아두자 싹을 틔우고 열매를 맺었다는 아론의 지팡이도 아몬드나무였다. 아론의 지팡이는 로마로 전해져 교황의 지팡이로 쓰였다는 설도 있다.

바그너의 오페라 덕분에 친숙해진 탄호이저 전설에도 아몬드가 등장한다. 이야기의 주인공인 음유시인 탄호이저는 노래 경연대회에 참석하러 가는 길에 믿을 수 없을 정도로 아름다운 여인이 어느 동굴 입구에 서 있는 것을 보았다. 시인은 여인의 초대에 응해 동굴 속으로 따라 들어갔다.

동굴은 점점 넓어지더니 커다란 방이 되었다. 탄호이저를 이끈 여인은 사랑의 신 베누스였다. 그는 모든 것을 잊고 그곳에서 천상의 환락에 젖어 여러 해를 보냈으나, 어느 날부터인가 지상의 쾌락을 그리워하게 되었다. 탄호이저는 베누스에게 자신을 다시 세상으로 돌려보내 달라고 간청했으나 아무 소용이 없었다. 그는 무릎을 꿇고 성모마리아에게 자신을 구해 달라고 기도했다. 오랜 기도 끝에, 눈을 감은 그의 뺨에 차가운 숨결이 닿았다. 눈을 떠보니 태양이 밝게 빛나고 있었다. 다시 세상으로 돌아온 그는 기쁨의 눈물을 흘렸다.

탄호이저는 신부를 찾아가 죄를 고백했다. 이야기를 들은 신부는 그의 죄를 용서해 줄 수 있는 사람은 교황뿐이라고 선언했다. 탄호이저는 지친 몸을 이끌고 로마로 가서 교황에게 죄를 고백했다. 교황 우르바노스는 탄호이저가 한 경험을 듣고 경악하여 소리 질렀다.

"너 같은 죄를 지은 자는 절대로 용서받을 수 없다! 만일 신께서 너를 용서해 주신다면 이 지팡이가 싹을 틔우고 꽃을 피울 것이다!"

절망에 빠진 탄호이저는 베누스에게 자기를 다시 데려가 달라고 소리쳤다. 베누스는 그의 소망을 들어 주겠다고 말했다. 탄호이저는 동굴이 있는 산을 향해 달려갔다. 동굴까지 사흘만 더 가면 될 거리까지 갔을 때 교황의 지팡이에서 갑자기 아몬드 꽃과 잎이 피었다. 깜짝 놀란 교황은 신이 자기보다 훨씬 자비로움을 깨닫고 사람을 보내 탄호이저를 뒤쫓게 했다. 그러나 전령이 한발 늦어 탄호이저는 이미 이 세상에 없었다.

수도원의 젊은 수도사에 얽힌 또 다른 전설도 있다. 수도사는 복종과 인내를 기르고자 2년 동안 매일 3킬로미터가 넘게 떨어진 나일 강에서 물을 길어 때죽나무에 물을 주는 임무를 수행했다. 그의 인내심은 결실을 맺어, 죽은 줄 알았던 때죽나무 가지에서 꽃이 피었다.
교황의 지팡이와 때죽나무에 꽃이 핀 이야기의 기원은 로마 시대의 시인 베르길리우스의 장편 서사시 〈아이네이스〉까지 거슬러 올라간다. 프랑크 왕국 황제 샤를마뉴도 비슷한 일을 겪었다. 황제의 군대가 진을 치고 창을 땅에 꽂아두자 하룻밤 사이에 무성한 숲이 되어 천막을 뒤덮었다고 한다. 아브라함을 방문한 천사 중 하나가 가져온 지팡이에서 테레빈나무가 자라났다는 유대인 전설도 있다.

아보카도
Avocado Pear

아보카도는 껍질이 악어 등처럼 울퉁불퉁해서 악어배라고도 불리지만 과육이 매우 부드럽고 영양가도 높아서 샐러드 재료로 애용된다.
기아나 원주민 세리오카이는 아보카도를 매우 좋아했다. 그는 틈날 때마다 오로노코 강 주변 숲에 가서 아보카도를 잔뜩 모아 돌아오고는 했다. 세리오카이가 아보카도를 모으고 있는 동안, 맥중남미와 서남아시에 서식하는 코가 뾰족한 돼지처럼 생긴 동물 한 마리가 홀로 남아 남편을 기다리는 아내를 보고 사랑에 빠져 버렸다. 맥은 매우 교활하고 꾀 많은 짐승이어서 세리오카이의 아내를 유혹하는 데 성공한다.

며칠 후, 아무것도 모르는 세리오카이가 평소대로 아보카도를 모으러 갔다. 아내는 장작 패는 돌도끼를 들고 몰래 뒤를 밟았다. 그러고는 남편이 아보카도를 따서 나무에서 내려오기를 기다렸다가 뒤에서 힘껏 내리쳤다. 얼마나 세게 쳤던지 오른쪽 다리가 떨어져 나가 버렸다. 아내는 세리오카이를 버려둔 채 그가 딴 열매를 모아 들고 맥이 숨어 있는 곳으로 달려갔다. 이 사악한 한 쌍은 그대로 멀리 달아났다.

다행히 그곳을 지나가던 이웃 사람이 세리오카이를 발견하고 집으로 데려가 상처를 치료하고 건강을 회복할 때까지 돌보아 주었다. 몸을 추스른 세리오카이는 의족을 만들어 다리에 끼우고 활을 챙겨 들고는 도망자들을 추적했다. 발자국은 지워진 지 오래였지만, 부정한 아내가 먹고 버린 아보카도 씨앗이 그들이 어디로 갔는지 말해 주었다.

산을 넘고 강을 건너는 길고 험난한 여정이었지만 어디에나 아보카도 나무가 있었고, 씨앗이 있었다. 덕분에 복수의 날이 점점 다가왔다.
계속 따라가다 보니 나무가 점점 작아졌다. 아직 어린 나무들이었다. 세리오카이는 묘목 숲을 지나 이제 막 아보카도 나무가 싹을 틔운 곳에 이르렀다. 나무는 없었지만 씨앗과 발자국이 남아 있었다. 그는 끝내 아내와 맥을 따라잡고야 말았다.
분노한 남편의 화살이 맥의 몸통을 꿰뚫었다. 짐승은 세상 밖으로 튕겨 나가 버렸다. 그러자 아내가 맥을 따라 하늘로 뛰어올랐다. 복수의 갈증을 채 풀지 못한 세리오카이도 그 뒤를 따라 하늘로 올라가, 끝까지 잘못을 뉘우치지 않는 자들을 지금까지도 뒤쫓고 있다. 오늘날 세리오카이의 모습은 오리온자리에서, 아내는 플레이아데스 성운에서, 맥은 히아데스성단에서 찾아볼 수 있다.

아이리스
Iris

프랑스와 피렌체에서 자라는 백합목 붓꽃과 꽃을 아이리스라고 한다. 흔히 지혜와 용기와 신념을 상징하는 꽃으로 그려진다. 의학이 발달하기 전에는 이 꽃으로 기침, 타박상, 발작, 부기를 치료하고, 뱀에 물렸을 때나 분노를 다스리지 못하는 사람에게도 처방했다. 연주창을 비롯한 혈액질환에도 아이리스 뿌리를 치료제로 썼다.

아이리스는 동서고금 어디에서나 쉽게 찾아볼 수 있는 백합 문장紋章 '플뢰르 드 리스fleur de lis'의 모델이기도 하다. 프랑스와 피렌체, 보스니아, 캐나다 퀘백 주, 스카우트 세계연맹 문장 등 수많은 상징에 플뢰르 드 리스가 새겨져 있다. 플뢰르 드 리스는 원래 가지 세 개 위에 핀 연꽃으로 이집트 삼위일체 신앙을 상징한 상형문자에서 유래했다. 그것을 십자군이 유럽에 전하면서 기독교 삼위일체의 상징이 되었다.

플뢰르 드 리스가 프랑스의 백합으로 불리며 왕실 문장으로 사용되기 시작한 역사는 프랑크 왕국으로 거슬러 올라간다.

프랑크 왕국의 왕 클로비스는 검은 두꺼비 세 마리가 수놓인 문장을 사용했다. 평화로울 적에는 그 문장으로도 충분했다. 그러나 두꺼비 세 마리가 새겨진 방패는 전투에 나설 때마다 심하게 두들겨 맞았다. 클로비스는 이러다가 적의 검이 방패를 뚫고 자신을 찌르지는 않을까, 남몰래 두려움에 떨었다.

그러던 어느 날, 은둔 생활을 하는 한 현자가 거처에서 명상에 잠겨 있는데 천사가 나타나 푸른 하늘빛 바탕에 태양처럼 빛나는 아이리스 세 송이가 새겨진 방패를 두고 떠났다. 현자는 천국에서 온 방패를 클로비스에게 바치며 사연을 말해 주었다. 클로비스는 두꺼비 문양 방패를 버리고 다음 전투 때 천사의 방패를 들고 나섰다. 방패에 새겨진 아이리스 문양은 전투가 모두 끝나고도 상처 하나 없이 환하게 빛나고 있었다. 클로비스는 그날 이후로 전쟁에서 단 한 번도 패하지 않았다. 천사의 도움으로 전쟁을 승리로 이끈 클로비스는 기독교를 프랑크 왕국의 국교로 삼았고, 플뢰르 드 리스는 프랑스 왕실의 문장이자 기독교의 상징이 되었다.

아카시아
Acacia

봄이면 향기로운 꽃을 피우는 로커스트나무는 아카시아의 아메리카 대륙 변종이다. 《구약성서》의 언약궤와 제단이 이 '썩지 않는 나무'로 만들어졌다. 예수의 머리에 씌워진 가시 면류관도 이 나무로 만들었다. 불교신자들은 이 나무를 신성하게 여겨 제단에서 불태운다. 힌두교도들도 아카시아의 한 종인 사미sami를 태워 희생제를 드린다.

이집트 제19왕조의 설화는 아메리카 인디언 아라파호족의 전설과 거의 일치한다. 아라파호족의 전설에서는 아카시아 대신 푸른 날개가 등장하지만 말이다. 이집트의 전설은 이렇다.

안푸의 아내는 시동생 바타를 사랑했으나 바타는 유혹에 넘어가지 않았다. 화가 난 형수는 남편 안푸에게 바타가 자신을 겁탈하려 했다고 모함했다. 바타는 자신의 결백을 증명했지만 더 이상 집에서 예전처럼 편안하게 지낼 수가 없었다. 바타는 스스로 자기 몸을 불구로 만들고 집을 떠났다. 동생을 잃은 안푸는 몹시 슬퍼하며 자신을 속인 아내를 죽여 버렸다.

아카시아 계곡에 도착한 바타는 육체를 버리고 가장 높은 곳에 핀 꽃에 영혼을 숨겼다. 신들은 젊은 은둔자를 불쌍히 여겨 그에게 지상의 어떤 여인보다 아름다운 짝을 만들어 주었다. 바타는 새로운 세계에서 행복을 누리며 아내에게 자신이 사냥을 나간 동안에는 반드시 집을 지키고 있으라고 당부했다. 그러나 아내는 남편의 말을 따르지 않고 바타가 사냥을 나간 동안 해변에 산책하러 나갔다. 그러자 바다가 포효하며 그녀를 휩쓸어 가려 했다. 나무가 급히 가지를 뻗어 그녀를 지켰지만, 그 바람에 머리카락 한 줌이 뜯겨 바다에 빠져 버렸다. 머리카락은 이집트 해안을 떠다니다가 나일 강 빨래터까지 흘러갔다. 머리카락에 밴 아카시아꽃 향기가 마침 빨래 중이던 파라오의 옷에 스며들었다. 왕은 그 향기가 어디서 왔는지 궁금해 했다. 사제들이 그 향기는 신들의 딸 머리카락에서 난 것이라고 대답했다. 왕은 신의 딸을 만나고 싶다는 열망에 사로잡혀 사방으로 사람을 보내 머리카락의 주인을 찾아오도록 했다.

왕이 보낸 사람들은 결국 바타가 있는 아카시아 계곡을 찾아냈다. 바타는 침입자들을 모두 해치웠지만 한 명을 놓쳐 버렸다. 유일한 생존자는 군대를 이끌고 와 그녀를 납치해 갔다. 억지로 끌려갔지만, 바타의 아내는 왕궁의 호화로운 삶이 싫지 않았다. 그녀는 오히려 파라오에게 남편의 영혼이 숨어 있는 나무를 없애 달라고 부탁했다. 왕은 또다시 군대를 보내 바타의 나무를 베어 버렸다. 바타는 그렇게 죽음을 맞았다.

그때 안푸는 멀리서 고기를 먹으며 맥주를 마시려는 참이었다. 그런데 맥주가 거품을 내며 끓어 넘쳤다. 포도주에서는 악취가 났다. 안푸는 그것이 동생의 죽음을 알리는 신호임을 깨닫고 아카시아 계곡으로 떠났다. 할 수만 있다면 동생의 영혼을 되살리고 싶었다.

아카시아 계곡에는 동생의 육체가 그대로 남아 있었다. 그러나 나무가 보호하던 그의 영혼은 사라지고 없었다. 안푸는 3년을 찾아 헤맨 끝에 아카시아 씨앗을 찾아냈다. 그는 동생의 영혼이 그 안에 잠들어 있기만을 바라며 씨앗을 물컵에 담갔다. 갈증을 느끼던 영혼은 컵 속의 물을 한 방울도 남기지 않고 다 마셔 버렸다. 씨앗이 물을 빨아들이자 바타의 육체가 경련을 일으켰다. 안푸는 컵을 다시 채워서 죽은 동생의 입술로 가져갔다. 시체는 물을 벌컥벌컥 마시고는 되살아나 벌떡 일어섰다. 이후 바타는 모습을 바꾸고 파라오를 찾아가 신임을 얻은 다음, 사악한 아내를 처형하고 왕위를 이어받아 30년 동안 이집트를 다스렸다.

아칸서스
Acanthus

아칸서스는 고대 그리스의 코린트식 기둥 주두柱頭 장식으로 유명하다. 그리스 로마 시대뿐 아니라 지금까지도 전 세계에서 장식 무늬로 애용되는 아칸서스 무늬의 기원은 기원전 5세기까지 거슬러 올라간다.

코린트에서 한 소녀가 죽어 아칸서스가 자라는 땅에 매장되었다. 늙은 유모는 소녀가 좋아하던 장난감과 장신구를 담은 바구니를 무덤에 놓아두었다. 시간이 지나자 아칸서스 덩굴이 자라 아름다운 곡선을 그리며 바구니를 휘감았다. 조각가 칼리마쿠스가 어느 날 묘지 옆을 지나가다가 그것을 기둥에 새겨 그 우아한 모습에 영원한 생명을 주었다.

양귀비
Poppy

피를 연상시키는 새빨간 꽃 색깔 때문에 유럽에서는 오랫동안 불길한 꽃으로 여겨졌다. 고대 로마 최후의 왕 타르퀴니우스는 정복한 도시에서 가장 먼저 무엇을 하면 좋을지 신하들이 묻자 대답 대신 정원에 들어가 가장 큰 양비귀꽃을 뽑아 버렸다. 신하들은 그 뜻을 이해하고 도시에서 가장 영향력 있는 시민을 모조리 학살했다. 그 사건 이후로 양귀비는 죽음을 상징하게 되었다.

대지와 곡물의 여신 데메테르는 지옥으로 납치된 딸 프로세르피나를 끝내 찾지 못하고 슬픔에 빠졌다. 그러자 데메테르의 발밑에서 양귀비꽃이 피어올랐다. 데메테르는 처음 보는 꽃 위로 몸을 숙이고 찬찬히 들여다보았다. 강렬한 향기를 맡자 졸음이 쏟아졌다. 데메테르는 양귀비 씨앗을 입에 넣고 깊은 잠에 빠졌다. 딸을 잃고 처음으로 맛보는 달콤한 휴식이었다. 양귀비가 깊은 잠을 가져오므로, 그 꽃을 죽은 사람에게 바치기도 한다.

1693년, 2만여 명의 사상자를 낸 네르빈덴 전투가 끝나자 벌판이 병사들의 피를 머금은 새빨간 양귀비꽃으로 뒤덮였다. 1876년 커스터 장군 부대가 인디언에게 학살당했을 때도 아메리카 대륙에서 전에는 볼 수 없었던 붉은 양귀비꽃이 전장에서 피어났다. 붉은 양귀비꽃은 '커스터의 심장'이라고도 불린다.

양배추
Cabbage

양배추를 너무나도 좋아하는 한 남자가 있었다. 저장해 놓은 양배추가 다 떨어진 어느 날 저녁, 이 남자는 그 향긋한 채소에 대한 갈망을 견디지 못하고 이웃집에 가서 양배추 한 포기를 슬쩍 훔치고 말았다. 흔히 있는 일은 아니었지만, 그날은 하필 12월 24일이었다. 크리스마스이브에 이웃집에서 양배추를 훔친 사람은 마땅히 벌을 받아야 한다. 하얀 옷을 입은 소년이 나타나 그에게 말했다.
"성스러운 날에 도둑질을 했으니 지금부터 달에 가서 살도록 해라."
남자는 순식간에 달로 날아가 지금까지 달에서 살고 있다. 아이들은 달에 비친 남자의 그림자를 보며 정직하게 살아야 한다는 교훈을 얻는다.
그리스 주신酒神 디오니소스의 포도밭을 망쳐 버린 트라키아 왕자 리쿠르구스는 그 벌로 포도나무 덩굴에 꽁꽁 묶였다. 리쿠르구스는 자유를 잃은 슬픔을 견디지 못하고 눈물을 뚝뚝 흘렸다. 눈물은 결정이 되고 그것이 양배추 뿌리가 되었다. 양배추가 포도의 적이며 알코올 중독을 치료한다는 믿음을 상징하는 전설이다.

사실 양배추는 모든 식물의 적으로 여겨졌다. 땅에서 양분을 너무 많이 빨아들여 주변 식물을 말려 죽이기 때문이다. 그러나 이런 잔인한 성질과 썩을 때 나는 고약한 냄새에도 불구하고, 이오니아 사람들은 양배추를 두고 무언가를 서약할 정도로 신성한 식물로 여겼다. 요정들은 마녀가 빗자루를 타고 다니듯이 양배추 줄기를 타고 여행한다.

양치류
Fern

상업적 가치를 지닌 양치류 식물은 그리 많지 않다. 식용으로 쓰이는 고사리와 뉴질랜드의 한 품종, 잎에서 향기를 풍기는 유라시아와 북아메리카 품종이 있는 정도이다. 그러나 잎이 사람 손처럼 생긴 아스피디움 필릭스 마스 Aspidium filix mas 뿌리에는 마법사와 마녀의 주문을 피하는 힘이 있다고 전해진다. 이것을 태운 재에도 마법의 힘이 깃들어 있다. 일설에는 칭기즈칸이 이 재를 담은 반지를 끼고 다녔다고도 한다. 칭기즈칸은 그 반지의 힘으로 새와 식물의 말을 이해할 수 있었다. 아스피디움 필릭스 마스는 한밤중에, 그것도 단 한 번밖에 꽃을 피우지 않는다. 성 요한 축일 밤에 짙은 붉은색 꽃을 단 한 번 피우고는 곧 떨어져서 땅속으로 사라져 버린다. 러시아 사람들은 그 꽃을 찾아서 밤새도록 골짜기를 헤맨다. 꽃을 피운 줄기 수액을 마시면 영원한 젊음을 얻는다고 믿기 때문이다. 꽃이 피지 않더라도 어둠 속에서 황금색으로 빛나는 씨앗은 발견할 수 있다. 씨앗을 흩뿌리며 마음속으로 보물을 찾게 해 달라고 소원을 빌면, 대지가 푸른 유리처럼 투명해지며 어슴푸레 보물이 숨겨진 곳이 보인다.

씨앗은 크리스마스 당일 자정 전에만 찾을 수 있다. 씨앗을 얻으려면 정해진 시간 안에 한적한 십자로를 찾아가야 한다. 십자로는 최근에 시체를 운구한 적이 있는 곳이어야만 한다. 그러면 어렴풋이 보이는 기묘한 존재들이 떼로 몰려와 당신을 에워쌀 것이다. 그것들은 귀를 툭 치고 지나가거나 모자를 날려 버리고, 괴상한 소리를 내거나 머릿속에 기발한 생각이 떠오르게 해서 당신이 무언가 말을 하거나 웃게 하려고 애쓴다. 그런 유혹에 넘어가 입으로 소리를 내어서는 안 된다. 그랬다가는 돌로 변하거나 사지가 갈기갈기 찢긴다. 묵묵히 참고 씨앗을 찾기 시작하면 꽁꽁 언 땅 위로 흉측한 뱀이 달려 나와 당신을 안내한다. 그 뱀을 따라가다 보면 양치류 줄기가 발을 얽어매 거리감과 방향 감각을 잃는다. 그럴 때는 신발을 벗어 좌우를 바꾸어 신고 다시 길을 가면 된다. 씨앗을 발견하면 악마가 손을 뻗지 못하도록 성찬식 때 입는 옷으로 덮는다. 그리고 동이 트기 전에 바닥에 떨어진 씨앗을 모으면 된다.

양치류 식물이 마법에 대항하는 힘을 가졌다는 믿음은 결혼을 앞둔 여성의 손에 참새발고사리 그림을 그려 넣는 시리아의 풍속에서도 찾아볼 수 있다. 참새발고사리 잎을 손에 그려 평안을 기원하고, 헤나나무의 붉은 염료로 피부를 적신다. 손등은 잎으로 덮어 보호하고 가능한 한 오랫동안 그 상태를 유지한다.

공작고사리의 영문명 'adiantum'은 '물기가 없다'라는 뜻의 그리스어 'adiantos'에서 나왔다. 공작고사리는 바다 속에 들어갔다 나와도 전혀 젖지 않는 비너스의 머리카락을 상징한다. 이유는 알 수 없지만 지옥의 신 플루토와 페르세포네에게 헌정되기도 한다.

영국에서 양치류를 불길하게 여기는 것은 그리스신화의 영향이 분명하다. 면마綿馬, 관중는 마법사나 악마의 눈을 피하게 해주지만, 절대로 그것을 가지고 다녀서는 안 된다. 면마를 멀리 던져버릴 때까지 뱀들이 따라오기 때문이다. 잉글랜드 콘월 지방에는 정통 기독교가 전해지기 전에 이교도인 채로 죽은 사람들의 영혼이 양치류에 깃들어 있다는 미신도 있다. 양치류가 식물로서 위상도 낮고 기이한 형태로 살아가는 것은 거기에 깃든 영혼이 생전에 진정한 신앙을 갖지 못했던 데 대한 벌이라고 여겨진다.

엉겅퀴
Thistle

어느 부유한 독일 상인이 시골길을 걷다가 농부와 마주쳤다. 농부는 상인의 옷차림과 몸에 두른 보석이 너무나 부러웠다. 주변에는 마침 아무도 없었다. 농부는 갑자기 강도로 돌변하여 상인을 칼로 찔러 버렸다. 상인은 숨이 끊어지기 직전 농부를 똑바로 바라보며 "엉겅퀴가 당신을 배신할 것"이라고 말했다. 영문을 알 수 없는 소리였다. 농부는 상인이 죽음을 앞두고 정신이 이상해졌나 보다 생각하고 차갑게 비웃으며 옷과 금품을 챙기는 데만 열중했다.
농부는 큰돈을 챙겼으나 오히려 전보다 더 불행해졌다.

자신이 저지른 일에 대한 두려움과 죄의식 때문이었다. 웃어넘겼던 상인의 저주도 어쩐지 마음에 걸렸다. 그는 엉겅퀴만 보면 가슴이 철렁해서 멀리 피해 다녔다. 이웃 사람들이 농부가 들판을 걸을 때마다 엉겅퀴를 밟지 않으려고 애쓰는 모습을 보고 이유를 물어보았다. 농부가 대답했다.

"말하고 싶지 않소. 물론 엉겅퀴도 이유를 말해줄 수 없지."

묘한 대답을 들은 이웃 사람들은 오히려 이유가 더 궁금해졌다. 사람들이 끈질기게 추궁하자 농부는 후회와 두려움으로 반쯤 정신이 나가 버렸다. 그리고 마침내 죄를 자백하고 교수형을 당했다. 살인사건의 현장이었던 독일 동북부 메클렌부르크에는 꽃과 줄기가 마치 사람의 머리와 팔다리처럼 보이는 엉겅퀴가 무성하게 자란다.

엉겅퀴는 스코틀랜드의 국화이다. 세상엔 아름다운 꽃도 많은데 보잘것없는 풀을 국화로 삼은 데에는 나름의 이유가 있다. 엉겅퀴는 단순히 신화적인 상징이 아니라 실제로 나라의 수호신 역할을 해 준 꽃이다.

바이킹이 스코틀랜드를 침략했을 때의 일이다. 스코틀랜드 병사들은 야습을 전혀 눈치 채지 못한 채 야영 중이었다. 바이킹은 어둠에 몸을 숨기고 발소리가 나지 않도록 신발을 벗은 채 조심스럽게 전진했다. 그러다가 하나둘씩 가시 돋친 엉겅퀴를 밟고 비명을 지르기 시작했다. 덕분에 야습은 실패로 돌아가고 스코틀랜드는 국토를 지켜낼 수 있었다.

에델바이스
Edelweiss

'고귀한 흰 빛'이라는 뜻을 지닌 에델바이스는 알프스가 원산지인 고산식물이다. 별 모양을 한 꽃은 순수의 상징이다.
하늘과 가까운 고산지대에 서식하는 에델바이스에는 천국과 관련된 전설이 하나 전해진다. 천상의 삶에 실증을 느끼고 지상의 쓴맛을 한 번 더 경험해보고 싶었던 천사가 하나 있었다. 그녀는 신에게 간청해 육체를 부여받았지만 그것만으로는 사람들 틈에 섞이기에 충분치 않았다. 천사의 순결한 눈에는 인간 세상의 가난과 범죄와 억압과 불행이 너무나 고통스럽게 비쳤다. 그래서 그녀는 세상과 멀리 떨어진 스위스의 가장 높고 험준한 땅에서 살기로 했다.

천사의 영혼을 지닌 그녀의 얼굴은 밝게 빛났으며 경이로울 정도로 아름다웠다. 그녀는 얼음으로 된 요새와 같은 곳에 꼭꼭 숨어 살았지만, 어느 날 우연히 그곳까지 등반한 한 남자의 눈에 띈 이후로 그녀를 한 번이라도 보고자 산을 오르는 사람이 끊이지 않았다. 한 번이라도 그녀를 본 사람은 절망적인 사랑에 빠졌다. 그녀는 친절했지만 모든 구애를 차갑게 거절했다. 남자들은 그녀의 사랑을 얻을 수 없다면 최소한 고통스러운 상사병에서만이라도 자유롭게 해달라고 신에게 간절히 기도했다. 신은 그들의 기도를 들어주어 천사를 다시 천국으로 데리고 갔다. 그때 그녀의 인간적인 마음이 지상에 남아 에델바이스가 되어 천사가 잠시 지상에 살았음을 기념했다.

에링고
Eryngo

에링고는 미나리과 에링기움속 식물의 총칭으로 작게는 60센티미터에서 크게는 180센티미터에 이르기까지 종류가 매우 다양하다. 고대 그리스 사람들은 에링고 잔가지를 숨긴 채로 누군가의 사랑을 얻으면 그 사랑이 절대로 변하지 않는다고 믿었다.

그리스의 여류 시인 사포는 남편과 사별하고 고향 레스보스 섬으로 돌아왔다. 사포는 그곳에서 강인하고 잘생긴 뱃사공 파온을 보고 사랑에 빠졌다. 그녀는 에링고 가지를 지닌 채 그에게 접근했다. 그러나 귀족 가문 출신의 뛰어난 여류 시인과 거친 뱃사공은 수준이 맞지 않았다. 파온은 사포가 아름다운 시를 읽어주어도 전혀 관심을 보이지 않았다. 사랑의 아픔을 견디지 못한 사포는 에링고 가지를 버리고 절벽에 서서 죽음의 노래를 부른 다음 몸을 던져 스스로 목숨을 끊었다.

플루타르크는 염소가 에링고를 먹으면 우뚝 서서 움직이지 않으며, 무리 전체에 영향을 미쳐 마치 동상이라도 된 듯 멈추어 서서 허공만 바라본다고 기록했다. 목동이 스스로 에링고를 먹고 대신 홀려서 주문을 깨뜨리기 전까지 염소 떼는 움직이지 않는다.

연꽃
Lotus

　　연꽃은 해와 달, 여성미, 신의 숨결, 고요함 등을 상징한다. 연꽃은 붓다가 앉아 있는 곳이며, 아메리카 인디언들이 말하는 위대한 영혼의 쉼터이기도 하다. 신들은 연꽃에서 나오는 생명수를 마시고 영원한 생명을 얻는다. 이집트에서 연꽃은 태양신 오시리스의 꽃이다. 오시리스의 아들 호루스도 붓다처럼 손가락을 입술에 대고 연꽃 위에 조용히 앉아 있다.

단순하면서도 매혹적인 연꽃무늬는 이집트 건축물과 동양의 회화, 터키와 페르시아의 카펫 등에서도 자주 볼 수 있다. 처음에는 어떤 상징적인 의미 없이 데이지나 단풍잎처럼 단지 꽃이 아름다워서 화가와 조각가들이 소재로 사용하기 시작했을 것이다. 그러다가 사방으로 펼쳐진 꽃잎을 보며 태양광선을 연상했고 태양 숭배 사상이 꽃에 스며들기 시작했다.

이집트와 중국에서는 연꽃을 신성하게 여기면서도 씨앗으로 빵을 만들어 먹었다. 그것을 먹으면 세상 모든 것을 잊고 다른 음식은 쳐다보지도 않으며, 연꽃이 자라는 곳에서 떠나지 않게 된다. 연꽃은 이집트에서 4000년 전부터 신성한 꽃으로 여겨졌다. 일본인은 망자에게 바칠 음식을 연꽃잎으로 싸는 등 지금까지도 종교적 의식에 사용한다.

오동나무
Paulownia

먼 옛날 중국 호난 지방 깊은 산중에 숲을 다스리는 오동나무가 있었다. 키는 하늘에 닿을 듯하고 좌우가 정확하게 대칭을 이루며 꽃이 만발한 나무였다. 오랜 세월 그곳에 서 있었던 이 나무는 바람 소리가 아닌 자신의 목소리로 노래를 불렀다.
한 도인이 우연히 그곳을 지나다가 노랫소리를 듣고 그 나무로 거문고 만들어 황제에게 바쳤다. 그러나 이 거문고는 어떤 음악가가 연주해도 절대로 소리를 내지 않았다. 황제는 전국 각지에서 내로라하는 음악가들을 불러들여 거문고를 타 보도록 했지만 아무리 애를 써도 그 누구도 소리를 내지 못했다.
황제가 지쳐서 포기할 무렵 거문고의 달인 백아가 궁을 찾아왔다. 그는 악기를 억지로 연주하려 하지 않고 현을 부드럽게 쓰다듬으며 사람의 음악이 아니라 악기 자신의 목소리로 노래를 불러 달라고 청했다. 인간의 자만심은 조금도 찾아볼 수 없었다. 그러자 거문고가 다시 노래를 부르기 시작했다. 숲을 가로지르는 태풍의 숨결과도 같은, 새들의 노랫소리 같은, 빗방울이 지면에 닿는 소리와도 같은, 먼 곳에서 포효하는 천둥소리 같은, 폭포소리 같은, 세상에 알려진 사랑스러운 자연의 소리가 모두 들려왔다. 황제는 크게 기뻐하며 백아에게 연주에 성공한 비결을 물었다. 백아가 대답했다.
"그저 악기 스스로 자신이 내고 싶은 소리를 내도록 독려했을 뿐입니다."
백아는 유일하게 자신의 음악을 이해해 준 친구 종자기가 죽자 스스로 거문고 줄을 끊고 다시는 연주하지 않아, '백아절현伯牙絶絃', '지음知音', '고산유수高山流水높은 산 속에 흐르는 물. 거문고 소리, 또는 친구를 비유하는 말' 등의 고사성어를 남겼다.

오이
Cucumber

오이는 남근과 다산의 상징이다. 불교 신화에 따르면 오이는 팔대용왕八大龍王 중 하나인 사가라의 아내가 낳은 6만 명 자식 중 장남이다. 오이의 자손은 자신의 덩굴을 타고 스스로 천국에 오른다. 유대인과 이집트인은 오이를 매우 좋아한다. 그러나 이집트인은 수세기 동안 오이를 먹으면 특유의 한기 때문에 죽는다고 생각해 감히 입에도 대지 않았다. 물론 대부분 수분으로 이루어진 오이에는 그런 성질이 전혀 없다.

옥수수
Maize

아메리카 인디언은 옥수수가 이 세상을 창조한 신들의 음식이라고 믿었다. 신들이 배은망덕한 인간에게 신물이 나 천상으로 돌아가면서 흘린 옥수수 씨앗이 땅에 떨어져 수백만 그루로 자라났다는 것이다. 몇몇 인디언 부족은 까마귀가 천상에서 옥수수 씨앗을 물어다 주었다고 믿어 절대로 그 고마운 새를 해치지 않는다.

뉴욕 주에 살았던 이로쿼이족의 전설 두 개는 옥수수에 관한 또 다른 이야기를 전한다. 하나는 한 추장이 위대한 영혼을 만나러 홀로 산에 오른 이야기이다. 추장은 부족민들에게 식량을 더 많이 내려 달라고 간청했다. 고기와 나무 열매에 물린 부족민들은 신들의 음식을 갈망했다. 위대한 영혼은 추장에게 여러 아내와 아이들을 데리고 들판에 나가 세 개의 태양이 떠오를 때까지 기다리라고 말했다. 추장은 그 말에 따라서 온 가족을 데리고 들판으로 나갔다. 기다리는 동안 아내들과 아이들은 하나둘씩 잠이 들었다. 며칠이 지나도 추장 가족이 돌아오지 않자 부족민들이 그들을 찾아 들판으로 나갔다. 들판에는 추장 가족은 간 곳이 없고 옥수수가 무성하게 자라고 있었다. 위대한 영혼이 기도에 응답해 추장 가족을 옥수수로 변하게 한 것이다.

두 번째 전설은 어느 아름다운 소녀를 사랑한 한 남자의 이야기이다. 그는 누군가 감히 소녀를 납치해 갈까 봐 걱정되어 소녀의 천막 근처 숲 속에서 잠자고 있었다. 어느 여름날 밤, 그는 소녀의 천막에서 부드러운 발걸음 소리가 시작되어 점점 멀어지는 것을 듣고 깜짝 놀라 잠에서 깨어났다. 가만히 보니 소녀가 잠에 빠진 채로 어디론가 걸어가고 있었다. 서둘러 따라가 보았지만 그가 속도를 낼수록 소녀도 점점 더 빠른 걸음으로 달려가 거리를 좁히기가 쉽지 않았다. 그는 온 힘을 다해 달려가 들판에서 간신히 소녀를 붙잡았다. 집에서 멀리 떨어진 곳에서 누구인지도 모를 남자 손에 붙들려 잠에서 깬 소녀는 너무나 놀라서 자신을 다른 무언가로 변하게 해달라고 위대한 영혼에게 간청했다. 그러자 마치 아폴론과 다프네의 이야기에서처럼 소녀는 그의 손 안에서 서서히 그가 한 번도 본 적 없는 식물, 옥수수로 변해 버렸다. 아메리카 대륙 동쪽에 사는 인디언들은 어떤 사악한 주문에 걸려 있지 않은 한 누구나 필요할 때 자기 모습을 바꿀 수 있다고 믿었다.

옥수수에 관한 가장 오래된 인디언 전설 중 하나는 옥수수가 최초의 어머니에게서 태어났다고 말한다. 기아에 허덕이는 자녀들을 보다 못한 최초의 어머니가 남편인 최초의 아버지에게 자신을 죽여서 땅에 뿌려 달라고 부탁했다. 그렇게 하면 굶주림의 고통이 사라지리라는 것이었다. 최초의 아버지는 위대한 영혼에게 아내의 뜻을 전했다. 위대한 영혼은 최초의 어머니의 소망을 들어 주었다. 최초의 아버지가 아내를 죽여 여기저기에 뿌리자 곧 싹이 트고 옥수수가 자랐다.

북미 최대 원주민 부족 치페와는 위대한 추장 하이어워

사의 아들이자 반인반신의 위대한 사냥꾼 우나우몬의 이야기를 전한다. 우나우몬은 미시시피 강 주변 숲을 자유롭게 떠돌다가 숲이 끝나고 초원이 펼쳐진 곳에 다다랐다.

"저기 뭐가 있는지 알아봐야겠다."

우나우몬은 그렇게 말하며 대륙 반대편으로 걸음을 옮겼다. 한참을 걷다가 나무 아래에서 잠시 쉬고 있는데, 껍질처럼 단단하고 환하게 빛나는 옷을 입고 화려한 깃털로 머리를 장식한 낯선 사람이 그에게 다가왔다. 우나우몬은 당장이라도 싸움을 시작할 수 있도록 자세를 가다듬었다.

그러나 상대에게는 그럴 의도가 없었다. 이방인은 몇 마디 나눈 다음 파이프를 만들더니 우나우몬에게 연기를 내뿜었다. 호전적인 우나우몬은 체구가 작은 상대를 무시하고 거만한 태도로 말했다.

"나는 매우 강하다. 너도 그런가?"

"보통 사람들만큼은 강하지요."

"나는 우나우몬이다. 네 이름은 무엇이냐?"

"당신이 저를 이기기 전까지는 대답하지 않겠습니다. 저를 이기고 직접 알아보시지요. 시도해 볼 만한 가치가 있을 겁니다. 제 이름을 아는 것보다 저를 이기는 게 중요할 테니까요."

"좋다. 어서 덤벼라, 붉은 깃털!"

우나우몬은 소리를 지르며 옷을 벗어던졌다. 상대가 차분한 목소리로 대답했다.

"제 이름은 붉은 깃털이 아닙니다. 저를 이기면 이름을 알려 드리지요. 당신이 이기면 당신 부족 사람들 모두에게 좋을 겁니다."

그들은 격렬하게 몸싸움을 벌이다가 지쳐서 잠시 떨어져 숨을 고르고는 다시 맞부딪히기를 반복했다. 한 시간이 넘게 싸웠으나 두 사람의 힘과 기술이 막상막하여서 승부는 어느 한 쪽으로 기울지 않았다. 우나우몬은 몸집이 작은데도 자신에게 전혀 뒤지지 않는 상대를 보며 경이로움마저 느꼈다.

해가 저물기 시작했다. 우나우몬은 마지막 힘을 다해 상대를 끌어안고 멀리 던져 버렸다. 그가 승리의 기쁨을 만끽하며 소리쳤다.

"봤느냐, 붉은 깃털! 내가 이겼다! 이제 네 이름을 말해 보아라!"

"제 이름은 몬다민입니다. 당신 부족 사람들에게 제 몸을 드리겠습니다. 우린 곧 다시 만나게 될 겁니다. 그때 이 땅이 주는 선물을 당신에게 드리도록 하겠습니다."

몬다민은 그렇게 대답하고 숨을 거두었다. 우나우몬은 몬다민을 땅에 눕히고 흙으로 덮어 주었다. 한 달이 지나자 무덤에서 푸른 새싹이 돋고, 바람에 실려 어떤 목소리가 들려왔다.
"이것은 몬다민의 선물, 옥수수이다. 씨앗을 가지고 가서 네 부족 사람들에게 주고, 몬다민을 위해 축제를 열도록 하여라."
우나우몬은 그 말에 따라 옥수수를 아메리카 대륙 동쪽에 전해 주었다.

올리브
Olive

대홍수가 끝나고 노아가 날려 보낸 비둘기는 올리브 잎을 입에 물고 돌아왔다. 그때부터 올리브는 평화와 안전의 상징이 되었다.
올리브 오일은 수천 년 동안 요리에 쓰였고, 특히 그리스와 로마에서 귀하게 여겨졌다. 기독교에서도 교회의 등불을 밝히고, 왕과 사제에게 성유를 바르는 의식에 올리브 오일을 사용했다. 휴전을 원하는 나라의 사신은 적국에 올리브 가지를 가져갔다.

지혜의 여신 아테나와 바다의 신 포세이돈은 그리스 도시 아테네의 지배권을 두고 다툼을 벌였다. 둘은 누가 더 아테네를 이롭게 할 수 있는지로 승자를 가리기로 했다. 먼저 포세이돈이 아크로폴리스에 소금 샘이 솟아오르도록 했다. 이어서 아테나는 올리브나무가 자라도록 했다. 신들은 어느 쪽이 아테네 사람들의 숭배를 받기에 더 적합한 업적인지 쉽게 판단하지 못했다. 소금도 올리브도 인간에게 매우 귀중한 존재였다. 신들의 의견이 팽팽한 가운데 제우스가 딸의 손을 들어 주어 아테네는 아테나의 도시가 되었다.

에덴동산에서 추방당한 아담은 수명이 얼마 남지 않았음을 직감하고 아들 세스를 천국 입구로 보내 속죄의 기름을 얻어 오게 했다. 추방당한 지 432년이나 지났지만 아담이 밟고 걸어온 길은 신의 저주를 받아 풀 한 포기 자라지 않았다. 세스는 그 길을 따라 걷고 또 걸어 샘 한 곳에서 거대한 강 네 줄기가 뿜어져 나와 흐르는 곳에 이르렀다. 그곳에는 믿을 수 없을 만큼 거대한 나무가 한 그루 서 있었다. 나뭇잎 하나 없는 나무였지만 웅장하고 아름답기 그지없었다. 독사가 줄기를 휘감고 있었고, 가장 높은 곳에서 뻗은 가지에는 빛나는 제의祭衣를 입은 한 아이가 앉아 있었다. 죄를 용서해 줄 때가 되면 속죄의 기름을 주러 천국에서 내려오는 천사였다.

세스가 나무를 우러러보자 천사가 그에게 내려와 속죄의 열매 씨앗 세 개를 주며, 아담이 죽어서 매장할 때 그것을 입에 넣어 주라고 말했다. 세스는 씨앗을 가지고 돌아와 천사가 시키는 대로 했다. 아담의 무덤에서는 사이프러스, 향나무, 그리고 올리브나무가 자라났다.

완두콩
Pea

이 섬세하고 영양가 많은 식물은 천둥의 신 토르가 먹는 음식으로 알려져 있다. 지금도 독일에서는 토르의 날인 목요일Thrusday에 완두콩을 먹는 풍습이 있다. 완두콩은 한때 다소 엉뚱한 이유로 악명을 떨쳤다.
성 요한 축일 전날 용들이 나타나 불을 뿜어 화재를 일으켰다. 기사와 마법사들이 용들을 퇴치했지만, 이 사악한 괴물들은 순순히 물러가지 않았다. 교활하고 신중한 용들은 불꽃에 휩싸인 언덕 위에만 머물며, 우물과 샘에 날개 아래에 지니고 있던 완두콩을 떨어뜨렸다. 완두콩이 썩으면서 언덕 아래 마을로 흐르는 물에서 악취가 나고 전염병이 퍼졌다.

고대에는 완두콩이 점과 종교의식에 쓰였지만 지금은 그저 맛도 좋고 영양도 풍부한 음식 재료일 뿐이다. 영국과 스코틀랜드의 소년 소녀들은 완두콩 줄기를 문지르면 실연의 아픔이 덜어진다고 믿는다. 혼기가 찬 처녀가 콩이 9개 들어 있는 콩깍지를 문지방 위에 두고 숨을 참고 기다리면, 다음번에 그 문으로 들어오는 남자가 친척이나 기혼자가 아닌 한 그 사람과 결혼하게 된다는 미신도 있다.

용설란
Maguey

멕시코 원산의 열대, 아열대 식물인 용설란은 10여 년이나 꽃을 피우지 않는다. 이 점을 과장해서 100년에 한 번 꽃을 피운다는 뜻으로 백년식물 Century Plant이라고도 부른다. 용설란은 기온이 낮은 곳에서는 아예 꽃을 피우지 않는다. 멕시코에서는 가죽처럼 질긴 잎이 4~5미터까지 자라고, 하얀 꽃이 4000여 개나 달리는 줄기는 8미터 높이로 자라며, 꽃을 피우면 마치 사명을 다했다는 듯 말라서 죽어 버린다. 용설란은 가축 사료로 쓰이고, 속을 구워 식용으로 쓸 수도 있으며, 지붕을 잇기도 하고, 태워서 연료로 사용하고, 잎에서 채취한 섬유로 종이와 실을 짓기도 하는 등 상업적 가치가 매우 높다. 잎 가장자리에 가시가 있어서 열대지방에서는 울타리로 심기도 한다. 꽃줄기에서 받은 수액으로 풀케pulque라는 술을 빚을 수도 있다. 데킬라는 용설란 수액을 발효, 증류시킨 술이다.

아즈텍을 침략한 스페인은 식민지를 기독교화할 생각으로 성모마리아 상을 가져다가 그곳 신전의 조악한 석상들 사이에 두었다. 스페인의 종교적 박해와 약탈에 신음하던 아즈텍인들은 하나로 뭉쳐 침략자를 몰아냈다. 스페인 군인들은 성모마리아 상을 용설란 아래에 숨겨 두고 도망쳤다.

그로부터 20여 년이 지나, 기독교로 개종한 한 아즈텍인이 언덕을 거닐다가 희미한 불빛을 보았다. 불빛을 따라가 보자 성모마리아가 부드럽게 웃으며 그를 내려다보고 있었다. 성모마리아가 말했다.

"내 아들아. 내 형상이 지금 네가 서 있는 곳 근처에 숨겨져 있다. 그것을 찾아서 소중히 모시도록 해라."

그는 성모마리아 상을 찾아서 집으로 가져가 안전하게

모셨다. 그러나 아침에 일어나 보니 성모마리아 상은 흔적도 없이 사라져 버리고 마음속에서 어제 그곳으로 돌아가 보라는 목소리가 들려왔다. 그는 언덕으로 올라가 용설란 아래에서 성상을 다시 찾아냈다. 성상을 다시 집으로 가져온 그는 튼튼한 상자에 넣고 침대를 뚜껑 삼아 잠들었다. 그러나 아침이 되자 성상은 또다시 모습을 감추어 버렸다. 할 수 없이 다시 언덕에 올라가 용설란 아래에서 세 번째로 성상을 찾아냈다. 그는 성상을 가지고 신부를 찾아가 자기가 겪은 일을 이야기 했다. 신부는 성모마리아 성상이 오랫동안 자신이 놓여 있던 용설란 그늘에 성전이 지어져 그곳에 모셔지기를 원한다는 것을 알아차렸다. 신부는 그곳에 서 있던 아즈텍 신전을 허물고 교회를 지어 성모마리아 상을 모셨다. 교회 제단 앞에는 다음과 같은 문구가 적혀 있다.
"1540년 성모마리아가 돈 후앙 아퀼라에게 나타나 성상이 어디에 있는지 말씀해 주셨다. 그가 바로 이곳 용설란 아래에서 말씀에 따라 성모마리아상을 찾았다."

용혈수
Dragon's Blood Tree

줄기를 자르면 피처럼 붉은 수액이 나와 용혈수라는 이름이 붙었다. 고대 아즈텍인들은 이 수액으로 옷을 붉게 물들였고, 중세에는 화장품으로 쓰였다. 고대에는 용혈수 수액을 진통제나 지혈제로 쓰기도 했다. 지름 5미터에 높이도 20미터나 될 정도로 크게 자라고, 수령이 5000년에서 7000년에 이를 정도로 오래 사는 나무로도 유명하다. 아즈텍의 후손들에게는 용혈수에 얽힌 피의 전설이 전해진다.

멕시코 아말탄에 황금과 귀한 보석으로 몸을 치장하기를 즐기는 한 왕자가 살았다. 그는 도적떼를 고용해 밑에 두고 부리며, 상인이 지나간다는 소식을 들을 때마다 무자비한 약탈을 일삼았다. 그는 물건을 나눌 때도 약탈할 때만큼이나 탐욕스러워서, 가장 좋은 보물을 독차지하고 부하들을 모두 쫓아냈다. 왕자는 그때마다 노예 한 명을 남겨 보물을 숨겨 둘 땅굴을 파게 했다.

노예가 약탈한 물건을 모두 땅굴 속에 숨기면 왕자는 그를 등 뒤에서 칼로 찔러 죽여 버렸다. 그러고는 유령이 되어 영원히 보물을 지키라고 시체를 보물과 함께 파묻었다.

그의 악행은 여러 해 동안 계속되었다. 그리고 마침내 심판의 날이 찾아왔다.

그날도 왕자는 약탈을 성공적으로 마치고 늘 하던 대로 보물을 감추어 두려 했다. 그러나 이번에는 땅굴을 파던 노예가 갑자기 돌아서며 칼을 휘둘러 왕자의 두개골을 반으로 쪼개 버렸다. 노예는 왕자의 시체를 구덩이 속에 집어던져 파묻고는 보물을 챙겨 달아났다. 그러자 그동안 보물을 숨겨 두었던 구덩이에서 동시에 용혈수가 자라기 시작했다. 왕자가 파묻힌 구덩이에서 자란 용혈수에서 다른 나무들보다 더 진한 붉은색 수액이 흘러내렸다고 한다.

우슬
Achyranthes

인도 토착 식물인 우슬은 줄기의 형상이 소 무릎과 비슷하다고 해서 그런 이름으로 불린다. 생리불순에 효과가 있고, 이뇨와 배변을 돕는 효능도 있다. 특히 줄기 모양대로 관절염, 류머티스 등 무릎 질환을 치료하는 데 현저한 효과가 있는 것으로 인정된다는 점도 흥미롭다.

힌두교도들은 새벽에 우슬 뿌리를 가루로 만들어 인드라 신에게 바치는 종교의식을 행한다. 인드라는 수많은 악마를 쳐부순 영웅신이었다. 그러나 어느 날 악마 나무치에게 포로로 잡혀 버리고 말았다. 인드라는 '밤에도 낮에도, 젖은 것으로도 마른 것으로도' 나무치를 해치지 않겠다고 약속했다. 나무치는 그 정도면 모든 가능성이 다 배제된다고 믿고 약속을 받아들였다. 인드라는 밤도 낮도 아닌 새벽에 젖지도 마르지도 않은 풀을 한 포기 뽑아 그것으로 나무치를 때려 죽였다. 나무치가 죽자 그 즉시 해골에서 우슬이 자라났다. 인드라는 그 우슬로 다른 모든 악마를 처치해 버렸다.

월계수
Laurel

고대 그리스에서는 월계수를 문에 걸어 두면 질병과 벼락을 피할 수 있다고 믿었다. 특히 티베리우스

황제가 월계수의 힘을 철썩 같이 믿었다. 그는 폭풍이 불 때마다 황제답지 않게 월계관을 쓰고 침대 밑에 기어들어가 잠잠해지기를 기다렸다고 한다. 폭군 네로 황제는 마법사도 월계수 아래에 서 있는 사람은 해치지 못하며, 월계수 열매가 다양한 질병을 치료한다고 믿었다. 네로는 로마에 전염병이 창궐했을 때 월계수가 정화한 공기를 마시며 건강을 지키려 애썼다.

월계수는 안전의 상징이었지만 승리의 상징이기도 했다. 전쟁을 승리로 이끈 장군은 월계수 잎을 상자에 담아 왕에게 보냈다. 경기에서 이긴 사람은 월계수 잎을 엮어 만든 화환을 머리에 썼다.

월계수가 승리의 상징이 된 배경에는 태양의 신 아폴론과 물의 요정 다프네의 이루어지지 못한 사랑 이야기가 있다.

아폴론은 아무리 멀리 떨어진 과녁이라도 단번에 꿰뚫을 수 있는 활과 화살을 지니고 있었다. 어느 날 아폴론은 웬 꼬마가 자기 활을 만지작거리며 가지고 노는 걸 보고 가서 장난감 활이나 가지고 놀라며 아이를 놀려주었다. 아폴론은 이 꼬마가 사랑의 신 에로스이며, 그가 무슨 짓을 할 수 있는지 꿈에도 모르고 있었다.

모욕을 당한 에로스는 머리끝까지 화가 나서 아폴론의 활을 훔쳐 높은 산으로 올라갔다. 그러고는 황금 화살과 납 화살을 꺼내서 황금 화살로는 아폴론을 맞추고, 우연히 근처에 있던 다프네에게는 납 화살을 쏘았다. 황금 화살은 맞은 사람을 격렬한 사랑에 빠지게 하고, 납 화살은 사랑이라는 감정을 아예 없애 버리는 마법의 화살이었다.

황금 화살에 맞은 아폴론은 다프네를 보자마자 한눈에 반해 열렬히 구애했다. 그러나 사랑이라는 감정이 사라져 버린 다프네는 차갑게 거절했다. 거절당했다고 순순히 물러나면 그리스 신이 아니다. 아폴론은 힘으로라도 그녀를 차지하기로 마음먹었다. 다프네는 있는 힘껏 도망쳤다. 그러나 태양의 신 아폴론을 떨쳐낼 수는 없는 노릇이었다. 사력을 다했지만 거리는 점점 더 좁혀질 뿐이었다. 절박해진 다프네는 강의 신인 아버지 페네우스에게 자신을 사람이 아닌 다른 존재로 바꾸어 달라고 간절히 빌었다. 그러자 다프네의 다리가 딱딱하게 굳으며 땅에 뿌리를 내렸고 월계수로 변해 버렸다.

미칠 듯이 사랑하는 여인이 눈앞에서 나무로 변해 버리자 아폴론은 거의 정신을 잃을 지경이었다. 그러나 아무리 한탄해도 다프네는 돌아오지 않았다. 아폴론은 다프네를 아내로 맞이하지 못한 대신 그녀를 자신의 나무로 삼기로 하고, 언제나 푸르고 시들지 않도록 월계수에 영원한 젊음을 내려 주었다. 아폴론은 예술과 스포

츠를 관장하는 신이기도 했기 때문에 자연히 그의 나무인 월계수가 경연의 승리자에게 수여되는 승리의 상징이 되었다.

월계수는 또 예언자에게 미래를 내다보는 힘을 주었다. 델포이 아폴론 신전의 예언자들은 월계수 잎을 씹으며 신탁을 청하는 사람을 기다렸다. 신탁을 청하고자 하는 사람은 월계관을 쓰고 아폴론 신전 주위에 자라는 월계수 잎을 조금씩 베어 먹으며 예언자를 찾아갔다.

은방울꽃
Lily of the Valley

성모마리아의 꽃으로 불리는 은방울꽃은 순수와 겸손, 청아함의 상징이다. 꽃말도 순애, 기쁜 소식, 순결, 다시 찾은 행복 등으로 이 꽃이 얼마나 사랑받는지 잘 말해 준다. 하얀 빛깔에는 고요함이 깃들어 있으며, 향기에는 무언가 신성함이 녹아들어 있다.

은방울꽃은 조용하고 반쯤 그늘진 곳을 좋아한다. 마치 세속의 더러운 때를 피하려는 것만 같다. 생명력과 번식력도 강한 편이지만 보통 다른 식물의 큰 잎사귀 밑에 숨어 있기 때문에 일부러 찾지 않는 한 눈에 잘 띄지 않는다. 게르만족은 은방울꽃의 후원자인 봄의 여신 오스타라가 이 꽃을 보내 봄이 다가옴을 알린다고 믿었다.

잉글랜드 남동부 서섹스 주에 은방울꽃의 기원에 관한 전설이 전해진다. 성 레오나르드는 길에서 무시무시한 용을 만나 사흘 동안 처절한 싸움을 벌였다. 체력이 거의 소진되고 공포와 절망에 사로잡혀 포기하고 싶은 순간도 있었지만, 그는 끝까지 굴하지 않고 맞서 싸웠다. 나흘째 아침, 결국 용이 먼저 지쳐서 꼬리를 말고 숲 속으로 도망쳐 버렸다. 그러나 레오나르드도 만신창이가 되어 있었다. 용의 발톱과 이빨이 닿은 곳마다 피가 뚝뚝 흘러내려 대지를 적셨다. 하늘은 그를 축복해 핏방울이 떨어진 곳에서 은방울꽃이 피어나게 했다.

자작나무
Birch

자작나무는 목재의 질이 좋고 잘 썩지 않으며 병충해에도 강해 쓸모가 매우 많은 나무이다. 건축재와 조각재는 물론이고 목판으로도 쓰였다. 오두막과 카누, 접시, 물통, 바구니 등도 자작나무로 만들었다. 한방에서 백화피白樺皮라 불리는 자작나무 껍질은 이뇨, 진통, 해열에 효능이 있으며 종이 대신 쓰이기도 했다. 기원전 8세기경 전설의 로마 제2대 황제 뉘마 폼필리우스의 책도 자작나무 껍질에 기록되었다. 로마 시대 집정관이 사용하던 도끼자루도 자작나무로 만들어 권위를 나타냈다. 러시아 사람들은 자작나무가 건강의 상징이라고 믿는다. 수액이 괴혈병, 신장병, 통풍 등에 효과가 있어서 약재로 쓰거나 술을 담글 수도 있기 때문이다. 뿌리는 간질환 치료제로 쓰이며, 시력 향상에도 도움이 된다.
러시아 숲의 정령은 남자이다. 어린 자작나무 여러 그루를 베어 안쪽을 향하도록 원을 그리고 그 가운데 서서 숲의 정령을 부르면 그가 나타나서 동쪽을 바라보며 정중한 태도로 그루터기 위에 앉는다. 손에 입을 맞추면 숲의 정령이 소원을 이루어 주고 그 대가로 영혼을 가져가 버린다고 한다.

장미
Rose

인류가 가장 사랑하는 꽃 장미는 아름다움의 상징이다. 장미를 문장으로 삼은 가문과 국가는 너무 많아서 이루 다 헤아릴 수도 없다. 장미는 전쟁의 이름에도 등장하며 동서양을 가리지 않고 수많은 신화와 전설, 그리고 사랑 이야기들을 엮어 냈다. 장미는 인류 역사에서 가장 오래된 신화 체계 중 하나인 인도 신화에서부터 중요한 역할을 하기 시작한다.

인도 3대 신 중 하나인 비슈누는 한낮의 뜨거운 열기를 식히려 물 위를 떠다니고 있었다. 그때 바로 옆에 떠 있던 연꽃이 활짝 피어오르기 시작했다. 꽃이 만개하자 역시 3대 신 중 하나인 브라흐마가 그 속에서 나타났다. 비슈누와 브라흐마는 꽃들의 가치에 대해 이야기를 나누었다. 브라흐마는 자기가 태어난 연꽃을 가장 아름다운 꽃으로 지목했다. 그러나 비슈누는 생각이 달랐다.

"내 왕궁에 핀 꽃이 그대의 꽃보다 천 배는 더 아름답소. 세상 어떤 꽃보다 향기로우며, 순백의 빛깔은 달빛처럼 순결하지."

브라흐마가 비슈누를 비웃었다.

"그대가 방금 한 말이 진실임을 증명한다면 나는 삼신

the trinity의 지위를 포기하겠소. 그대가 신들의 왕이 되시오."

비슈누의 왕궁은 인도에서 매우 멀었기 때문에 두 신은 무한의 뱀을 불러 타고 가기로 했다. 뱀은 두 신을 비슈누의 정원까지 데려가 왕궁 앞에 내려 주었다. 비슈누가 소라고둥을 길게 불자 왕궁의 문이 열리고 시종들이 주인과 손님을 맞으러 달려 나왔다. 브라흐마는 모든 접대를 사양하고 당장 비슈누의 호언장담이 사실인지 확인하고 싶어 했다. 두 신은 진주로 된 복도를 지나 궁전으로 들어섰다. 정원 한가운데 나무 한 그루가 있고 가지에 장미 한 송이가 피어 있었다. 히말라야 산의 눈처럼 희고 세상 그 무엇보다 달콤한 향기를 뽐내는 놀라운 꽃이었다.

"이것이 천상과 지상을 통틀어 가장 아름다운 꽃이오."

비슈누가 의기양양하게 말했다. 그러나 장미는 아직 진가를 다 발휘하기도 전이었다. 장미가 활짝 피어나자 행운과 미의 여신 라크슈미가 그 속에서 걸어 나와 공손하게 말했다.

"저는 당신의 아내가 되려고 태어났습니다. 당신이 장미에게 충실하므로 장미도 당신에게 충실할 것입니다."

비슈누가 라크슈미를 끌어안자 브라흐마가 땅에 엎드려 절하며 말했다.

"비슈누, 그대의 말이 옳소. 그대의 정원에 세상에서 가장 훌륭한 꽃 장미가 있으니, 지금부터 그대가 신들의 우두머리요."

루마니아에도 장미에서 태어난 사람에 관한 전설이 전해진다.

한 숲에 식물이 도달할 수 있는 미의 정점에 이른 장미 덤불이 있었다. 하루는 덤불에서 커다란 순이 돋아나더니 그곳에서 왕자가 태어났다. 인간의 형상이었으나 혈관에는 아직 장미즙이 뒤섞여 흐르고 있었다. 왕자는 늘 자기가 아직 식물이었던 어린 시절의 평온함을 갈망했다. 인간으로 살아가며 전쟁과 약탈에 지친 그는 결국 숲으로 되돌아와 자기가 태어난 나무를 찾아 헤맸다. 그가 나무들에게 물었다.

"저도 당신들 중 하나입니다. 제가 태어난 위대한 장미 덤불이 어디에 있는지 아십니까?"

나무들은 하나같이 그 장미 덤불이 이미 사라져 버렸고 어디에 있었는지 모르겠다고 대답했다. 새들은 아무도 그 나무를 기억하지 못했다. 그러나 나이팅게일만은 예외였다. 작은 새가 노래하듯 말했다.

"그 장미 덤불은 이미 숨을 거두었답니다. 저는 그 나무가 있던 자리에서 애도의 노래를 부르러 왔어요. 정말 고귀한 나무였지요. 꽃 대신 아름다운 왕자가 피어났답니다."

"제가 그 왕자입니다. 저는 인간 세상에 완전히 지쳐 버렸습니다. 예전처럼 향기롭고 평온한 삶으로 되돌아가고 싶어요. 다른 생명을 해치지도 않고, 죽을 때는 세상을 더 나은 곳으로 만들어 놓고 떠나는 삶 말이에요."

"왕자여, 그게 소망이라면 당신이 다시 장미로 돌아갈 때까지 제가 곁에서 노래를 불러 드리겠습니다."

왕자는 안도의 한숨을 내쉬며 자기가 태어난 땅 위에 누웠다. 밤이 되자 나이팅게일이 부드럽게 노래하기 시작했다. 왕자는 점점 크고 감미로워지는 노랫소리에 취해 꿈을 꾸며 인간사 모든 기억을 잃어 버렸다. 그러자 몸이 점점 이끼 속에 파묻히는가 싶더니 땅속 깊이 뿌리를 내리고, 팔다리는 가지가 되어 뻗어 나갔다. 새벽이 되자 그가 있던 자리에는 처음 보는 장미 나무 한 그루만이 아름답게 서 있었다.

그리스신화는 신들의 어머니 레아가 장미를 창조하고, 신들의 음료 넥타로 그 아름다운 꽃을 정성스레 키웠다고 전한다. 큐피드가 신들의 회의에 늦어서 서둘러 달려가다가 실수로 병에 든 넥타를 땅에 쏟았는데 그 자리에서 장미가 피어났다는 설도 있다. 큐피드는 장미를 너무나 사랑해서 꽃잎에 입을 맞추었다. 그때 마침 꽃에서 꿀을 모으던 벌이 깜짝 놀라 큐피드의 입술을 쏘고 말았다. 큐피드의 어머니 아프로디테는 화가 나서 닥치는 대로 벌을 잡아 침을 뽑아서는 장미 줄기에 꽂아 두었다. 그러나 큐피드는 가시에도 아랑곳하지 않고 여전히 장미를 사랑했다. 그래서 오히려 전보다 더 자주 벌침에 찔리는 결과를 낳고 말았다.

장미는 아름다움을 상징하므로 자연히 미의 여신 아프로디테와 관련된 전설이 많다. 원래 하얀색이었던 장미는 자신이 세상에서 가장 아름답다고 자만하고 있었다. 그러던 어느 날 함께 술래잡기를 하는 아프로디테와 아도니스의 미모를 보고 자신이 부끄러워져서 얼굴을 붉혔다고 한다. 이 이야기는 이브가 에덴동산에서 장미에 입을 맞춘 후로 꽃이 붉게 물들었다는 전설의 원형이다. 아도니스가 죽은 날 정신없이 그를 찾아다니던 아프로디테가 가시에 발을 찔려 피를 흘리자 그 가시에서 붉은 장미가 피었다는 이야기도 있다. 같은 날 하늘에 떠 있던 태양빛이 스며 노란 장미가 되고, 아프로디테가 흘린 눈물은 백장미가 되었다. 이 이야기 또한 아시시의 성 프란체스코 전설의 원형이 되었다. 사탄의 유혹에 빠져 수도원을 떠나 광야에서 방황하던 성 프란체스코가 가시에 발을 찔려 피를 흘리자 그 자리에서 붉은 장미가 피었다는 이야기이다.

루마니아에는 장미를 의인화한 색다른 전설이 있다.

여느 때와 같이 태양의 마차를 몰던 아폴론은 우연히 바닷가에서 목욕하는 한 소녀를 보고 사랑에 빠졌다. 그는 마차를 멈추고 소녀의 백옥같이 흰 피부를 넋을 놓고 바라보았다. 소녀가 목욕을 마치고 집으로 돌아간 다음에도 아폴론은 그 자리를 떠나지 않았다. 태양의 마차가 한곳에 계속 떠 있자 한낮의 더위가 계속되어 소녀는 점점 더 자주 목욕하러 나올 수밖에 없었다. 아폴론은 소녀가 목욕하는 동안에는 넋을 놓고 바라보고, 집으로 돌아가 잠을 자는 동안에는 멍한 표정으로 소녀의 모습을 떠올리며 야릇한 미소만 지었다. 그러다가 무슨 바람이 불었는지 어느 날은 갑자기 마차에서 뛰어내려 소녀에게 열정적으로 키스를 퍼부었다. 소녀는 놀라기도 하고 부끄럽기도 하여 얼굴을 붉히며 고개를 숙였다. 그 소녀가 바로 장미이며, 그날 이후로 붉은색 꽃을 피우기 시작했다.

페르시아에서는 나이팅게일이 장미를 붉게 물들였다고 전해진다. 알라가 꽃들의 여왕인 장미를 창조하자 나이팅게일이 그 향기에 취해 날아와 가슴을 가시에 찔려 죽었다. 그때 흘린 피가 꽃잎을 물들였다는 것이다. 나이팅게일이 장미를 너무나 사랑하여 새벽에 꽃을 피울 때까지 쉬지 않고 찬양하려고 스스로 가시에 찔려 피를 흘리며 졸음을 쫓는다는 설도 있다.

탈무드에는 장미가 붉게 물든 이유를 말해 주는 또 다른 이야기가 전해진다.

춘분 하루 전날 밤 카인과 아벨이 제사를 준비하고 있었다. 이브는 둘째 아들 아벨이 제단에 바친 어린 양이 피를 흘리며 죽고, 그가 제단 주위에 심은 하얀 장미가 갑자기 붉게 물드는 환영을 보았다. 끔찍한 비명이 들리는가 싶더니 장미가 모두 시들어 죽어 버리고 감미로운 음악이 울려 퍼졌다. 곧이어 어둠이 걷히고 이브가 떠나온 에덴동산보다도 더 아름다운 광경이 눈앞에 펼쳐졌다. 그곳에서 흰옷을 입은 목동 하나가 양떼를 돌보고 있었다. 이브는 너무나 눈이 부셔서 목동을 똑바로 쳐다볼 수도 없었지만, 바로 조금 전 제단 옆에서 보았던 장미 화관을 쓰고 있다는 것만은 알아볼 수 있었다. 목동이 류트를 튕기자 아름다운 선율이 허공을 가득 채웠다.

아침이 밝았다. 이브는 지난밤에 본 환영을 단순한 꿈으로 치부하고 잊어 버렸다. 카인과 아벨은 어머니의 배웅을 받으며 희생제를 드리러 떠났다. 두 아들은 저녁 늦도록 돌아오지 않았다. 걱정스러운 마음으로 애타게 기다리던 이브는 또다시 전날과 비슷한 환영을 보았다. 두 아들의 제단에 불이 꺼지고 제물로 바친 양의 재가 드러났다. 그리고 근처 어느 동굴 안에서 절망의 신

음소리가 새어 나왔다. 이브는 그것이 큰아들 카인의 목소리임을 알아차렸다. 동생 아벨은 자신이 훌륭한 제물을 바친 제단 앞에 싸늘한 시체로 누워 있었다. 주변의 초목이 그의 피를 흠뻑 뒤집어쓰고 있었다. 이브는 아벨 위로 쓰러지듯 주저앉았다. 곧이어 지난밤의 환영이 반복되었다. 눈이 부셔 제대로 바라볼 수도 없었던 목동은 바로 천국에서 양떼를 치는 아벨이었다. 그가 아름답고 향기로운 장미 화관을 쓰고 류트를 연주하며 노래하고 있었다.

마음이 한결 편안해진 이브는 아벨이 심은 장미로 화관을 만들어 싸늘하게 식은 아들의 이마에 씌우고 그의 제단 앞에 묻어 주었다.

장미는 신화시대부터 의학적 용도로도 사용되었다. 아프로디테의 신전에 매일 아침 신선한 꽃을 바치던 여인 밀토는 어느 날 얼굴에 종기가 나서 아름답던 얼굴이 몹시 흉하게 변하고 말았다. 슬픔에 젖어 눈물로 지내고 있는데, 아프로디테가 꿈에 나타나 자기 제단에 바쳤던 장미를 얼굴에 바르라고 말해 주었다. 밀토는 다음날 아침 눈을 뜨자마자 제단으로 달려가 여신이 시킨 대로 장미 향유를 얼굴에 발랐다. 그러자 종기가 씻은 듯이 나았다. 아프로디테는 트로이 전쟁의 영웅 헥토르가 죽었을 때도 장미 향유를 발라 시체를 보존해 주었다.

플리니우스는 장미가 단지 향수로서만 가치 있는 것이 아니라, 고약과 안약과 눈에 바르는 연고로도 효능이 뛰어나다고 기록했다. 그는 장미 잎과 꽃을 조합한 처방전을 무려 32가지나 남겼으며 로즈 와인 제조법을 개발했다.

장미 향유는 1187년 페르시아에서 본격적으로 증류되어 사용되기 시작했다. 무굴제국 황제 제항기르의 애첩은 매일 장미꽃잎을 띄워 황제의 목욕물을 준비했다. 뜨거운 물에 꽃잎을 넣으면 늘 표면에 기름기가 둥둥 떠다녔다. 애첩은 그것이 황제의 심기를 거슬리게 할까 두려워서 황제가 목욕하러 오기 전에 항상 기름기를 말끔히 걷어냈다. 거기에서 아이디어를 얻은 페르시아의 전설적인 현자 이븐 시나가 증류를 통해 장미 향유를 얻는 방법을 개발했다.

식물학에서는 어떤 꽃이든 원색이 두 가지일 수는 있으나 세 가지일 수는 없다는 것이 거의 정설에 가깝다. 과꽃은 푸른색과 붉은색이 있으나 노란색은 있을 수 없고, 국화는 붉은색과 노란색이 있으나 푸른색은 존재하지 않는다. 팬지는 붉은색이 없고, 백합과 카네이션은 푸른색이 없다. 런던과 파리 등에서 가끔 헛소문이 돌기는 하지만, 푸른색 장미도 아직 발견되지 않았다.

숙련된 원예가는 노란색 꽃을 붉은색이나 흰색으로, 분

홍색 꽃을 노란색으로 바꿀 수 있다. 푸른색 꽃은 보라색이나 붉은색으로 변할 수 있지만 절대로 노란색은 되지 않는다. 붉은 장미와 노란 장미는 있지만 푸른 장미는 앞으로도 절대 나타나지 않을 것이다. 사실상 완전한 백장미도 존재하지 않는다고 말하는 사람들도 있다. 꽃받침 쪽이 은은한 분홍색이거나 노란색이기 때문이다.

전나무
Fir

대지의 모신母神 키벨레는 남녀 양성을 모두 지닌 신이었다. 올림포스의 신들은 키벨레를 두려워해 그를 거세해 버렸다. 지상에 버려진 성기는 아몬드 나무가 되어 훌륭하게 자랐다. 어느 날 강의 딸 나나가 이 나무를 보고 씨앗을 주워 품속에 넣어 갔다. 씨앗은 나나의 몸속으로 들어가 아티스가 태어났다.
아티스는 매우 잘생긴 소년으로 자랐다. 키벨레는 자기 몸에서 태어난 아티스를 광적으로 사랑했다. 어느 날 키벨레는 아티스가 한 왕국의 공주와 결혼하려 한다는 소문을 들었다. 키벨레는 질투심을 이기지 못하고 대지의 힘으로 아티스의 정신을 분열시켜 버렸다. 미쳐 버린 아티스는 스스로 거세하고 목숨을 끊었다. 제우스는 그런 아티스를 불쌍하게 여겨 전나무가 되게 해 주었다. 아티스가 흘린 피에서는 제비꽃이 피어났다.

그리스신화가 전하는 일화는 다소 기괴하지만, 전나무는 예루살렘 성전 건축에 쓰인 이후로 기독교에서 신성시되었으며 지금까지도 크리스마스트리로 사랑받는다. 그러나 크리스마스트리의 기원은 오스트레일리아 하르츠 산맥에서 이교도 소녀들이 행하는 종교의식에서 찾을 수 있다. 소녀들은 전나무를 꽃과 등불과 달걀 등으로 화려하게 치장하고 주위를 돌며 춤과 노래를 부른다. 나뭇가지에 숨어 사는 요정들은 소녀들이 나무를 빈틈없이 둘러싸고 있어서 도망칠 수가 없다. 소녀들은 요정이 소원을 하나씩 들어 주기 전까지 풀어 주지 않는다. 이 요정들이 자비로운 성 니콜라스, 즉 산타클로스의 기원이며 전나무는 크리스마스트리가 되었다. 그림 형제는 전나무에 사는 것이 요정이 아니라 악마 올드 닉이라고 믿었고, 북구 신화에서는 그가 주신主神 오딘이라고 말한다.

자신의 운명을 미리 알아볼 용기가 있다면 크리스마스이브에 트리를 장식하면 된다. 먼저 준비한 나무가 소나무 등 다른 상록수가 아니라 전나무인지 꼭 확인해야 한다. 그런 다음 벽에 자신의 그림자를 비추어 본다. 그림자에 머리가 없다면 이듬해에 죽는다는 뜻이다.

전나무 가지를 발치에 두고 자면 악몽을 피할 수 있다. 반쯤 탄 전나무 지팡이를 들고 다니면 벼락을 맞지 않고, 창고 문에 전나무 한 다발을 걸어두면 악령이 곡식을 훔쳐가지 못한다고 한다.

북유럽 사람들도 전나무를 신성하게 여겨 나무꾼도 이 나무는 베지 않았다. 러시아에서는 거대한 전나무가 폭풍으로 쓰러지면 팔지 않고 교회에 기증한다.

제비꽃
Violet

바람기 많은 제우스는 아내인 헤라의 신전을 지키는 여사제 이오를 유혹하는 데 성공했다. 제우스는 질투심 많은 아내의 눈을 속이고자 검은 구름 속에 숨어 이오와 사랑을 나누었다. 그러나 끝까지 헤라의 눈을 피할 수는 없었다. 헤라가 갑자기 들이닥치는 바람에 이오를 숨길 시간이 없었던 제우스는 그녀를 하얀 암소로 둔갑시켰다. 위기를 모면한 것까지는 좋았으나, 자기 혼자 살겠다고 연인을 암소로 만들어 버렸으니 미안한 마음이 들었다. 제우스는 이오가 먹을 특별식으로 제비꽃을 만들어 주고 또 다른 사랑을 찾아 떠났다.

헤라는 그 정도로 만족하지 못하고 쇠파리를 시켜 암소가 된 이오를 끝까지 따라다니며 괴롭히게 했다. 이오는 쇠파리를 피해 바다를 건너 도망쳤다. 이오가 건넌 바다를 이오니아해라고 부른다. 이오는 목성Jupiter, 제우스의 영어식 이름의 첫 번째 위성 이름이기도 하다.

나폴레옹은 제비꽃을 무척 좋아했다. 그는 엘바 섬에 유배되면서 "제비꽃이 필 무렵 다시 돌아오겠다"는 말을 남겼다. 허풍처럼 들렸던 나폴레옹의 장담은 정말로 실현되었다. 추종자들이 다시 그를 옹립하는 거사를 일으킨 것이다. 그들은 나폴레옹을 '제비꽃 당수Corporal Violet'라 칭하며, '제비꽃'을 암호로 같은 편을 확인했다. 나폴레옹은 제비꽃이 만발한 1814년 4월, 파리에 재입성했다. 그와 함께 제비꽃도 다시금 널리 사랑받았다. 그러나 나폴레옹의 짧은 천하가 끝나고 부르봉 왕조가 부활하자 훗날 나폴레옹 3세 시대가 열리기 전까지 제비꽃은 반역의 상징이 되었다.

종려나무
Palm

야자나무과의 상록교목인 종려나무는 원시 부족에게 음식과 기름과 연료와 쉼터를 제공하는 소중한 존재였다. 바빌로니아 사람들은 오래전부터 종려나무 열매로 와인을 빚어 마셨다. 사막 한가운데 서 있는 종려나무는 맛있는 열매는 말할 것도 없고, 그곳에 시원한 물이 있다는 신호이다. 고대에는 부와 다산과 승리와 빛을 상징하는 나무이기도 했다.

멕시코 북부에 거주하던 코아윌라 인디언들은 종려나무 섬유로 밧줄과 바구니를 만들고 지붕을 엮었으며, 주식인 메스키트 콩의 감미료로도 사용했다. 어느 날 백인의 침략을 예언한 코아윌라 부족은 갓 태어난 사내아이들을 산꼭대기로 데려가 각자에게 신령이 깃든 나무 한 그루씩을 할당하고 그 나무의 보호를 받도록 기원했다. 나무들은 돌보고 숭배해야 할 살아 있는 제단이었다. 아이가 죽으면 나무도 베어 불태워 버렸다.

참나무
Oak

참나무 또는 오크는 특정한 수종을 지칭하는 말이 아니라, 참나무과에 속하는 나무를 통칭하는 말이다. 밤나무, 너도밤나무, 가시나무, 떡갈나무, 상수리나무 등이 모두 여기에 속하며, 견과류를 생산한다는 공통점 때문에 도토리나무라 불리기도 한다. 참나무는 목재로도 훌륭해서 집, 배, 무기, 도구, 굴뚝 재료 등으로 쓰이며 식량도 제공해 준다.

참나무는 힘의 상징이다. 그래서 고대 그리스에서는 주신 제우스의 나무로 여겨졌다. 도도네에 있는 제우스 신전의 참나무는 미래를 말해 주는 나무로 유명하다. 이아고는 아르고호 뱃머리를 이 나무로 만들어 황금 양털이 어디에 있는지 들을 수 있었다.

참나무는 벼락을 자주 맞는 나무이기도 하다. 제우스가 인간에게 무언가 언짢은 일이 있어서 경고의 뜻으로 천둥 화살을 쏠 때마다 참나무를 겨냥했기 때문이다.

켈트족 마술사 드루이드는 참나무 아래에서 종교의식을 행했고, 마법사 멀린도 참나무 그늘에서 마력을 발휘했다. 히브리인도 참나무를 참 좋아했다. 아브라함은 참나무 아래에서 천사를 만났고, 사울 왕과 그의 아들들과 데보라도 이 나무 밑에 묻혔다. 야곱이 우상을 묻은 곳이기도 하다. 다윗 왕의 아들 압살롬은 전쟁에 패하고 도망가다가 참나무 가지에 머리가 걸려 매달리는 바람에 요압의 군사들에게 살해당했다. 그 밖에도 성서 곳곳에 참나무가 등장해 중요한 역할을 한다. 고대 그리스 사람들은 참나무가 지옥까지 뿌리를 뻗는다고 생각했던 반면, 초기 기독교인들은 참나무 가지가 하늘로 뻗어 기도를 천국에 전해 준다고 믿었다.

에리식톤은 신을 두려워하지 않는 불경한 자였다. 그는 하인들을 시켜 죽음의 여신 케레스의 숲에 있는 신령한 참나무를 베어 오게 했다. 하인들은 도저히 그런 신성 모독을 할 수는 없다며 완강히 버텼다. 에리식톤이 아무리 호통을 쳐도 하인들은 주인보다 죽음의 신을 더 두려워했다. 그는 결국 도끼를 빼앗아 자기가 직접 나무를 베러 숲으로 들어갔다. 하인 하나가 제발 나무를 베지 말라고 끝까지 간청했다. 에리식톤이 그래도 아랑곳하지 않고 도끼를 휘두르자 몸으로 막으려다가 그만 목이 잘리고 말았다. 잘린 머리가 나무 아래로 굴러가 뿌리를 피로 적셨다. 에리식톤은 머리끝까지 화가 나 미친 듯이 도끼를 휘둘러 결국 나무를 쓰러뜨리고 말았다. 그 모습을 지켜본 하인들과 숲의 요정들은 하염없이 눈물을 흘렸다.

모든 게 자기 뜻대로 되었으나 에리식톤은 승리의 기쁨을 느낄 겨를도 없었다. 잘린 나무 둥치에서 섬뜩한 목소리가 들려왔다.

"나는 케레스 님의 사랑을 받아 이 나무에 살던 요정이다. 내가 비록 지금 네 손에 죽지만 케레스 님께서 반드시 복수해 주실 것이다."

케레스는 복수의 여신답게 즉시 응징에 나섰다. 아끼는 요정이 잔인하게 살해되었으므로 형벌은 상상할 수도 없을 만큼 가혹해야만 했다. 케레스는 고민 끝에 기아의 여신에게 힘을 빌려 달라고 부탁했다. 기아의 여신은 케레스의 전언을 듣고 곧장 에리식톤에게 날아갔다. 잠을 자던 에리식톤은 갑작스레 맹렬한 허기를 느꼈다. 그는 침대를 박차고 나와서 집에 있는 음식이란 음식은 모조리 입에 쑤셔 넣었다. 그러나 허기가 가시기는커녕 점점 더 배가 고팠다. 에리식톤은 다음날부터 전 재산을 털어 음식을 사서 한순간도 쉬지 않고 닥치는 대로 먹어치웠다. 그런데도 며칠을 굶은 것처럼 배가 고팠다. 먹을수록 더 허기지는 것 같았다. 손에 닿는 곳에 음식이 없을 때는 자기 살을 뜯어 먹을 지경이었다. 그러다가 결국 음식을 먹으면서 굶어 죽고 말았다.

지금도 독일에는 아폴론과 다프네를 떠올리게 하는 전설을 지닌 참나무가 한 그루 서 있다. 인간인 줄로만 알고 결혼한 아내가 사실은 요정이어서 남편이 품에 안자마자 참나무로 변해 버렸다는 이야기이다. 핀란드 사람들은 참나무는 근성이 강해서 나무꾼이 톱과 도끼로 베려고 해야 더 크고 튼튼하게 자란다고 믿는다.

미시시피 강 주변 인디언들은 참나무의 기원을 대지와 밤의 아들이자 만물의 수호신인 와이오트Wyot에서 찾는다. 와이오트는 자신이 '큰 별이 뜨고 풀이 높이 자랄 때' 죽을 것이라고 10개월 전에 미리 예견했다. 그는 숭배자들에게 덤불 새싹을 모아 자기 유골을 담을 바구니를 만들게 했다. 죽기 직전까지 그들에게 기술을 가르쳐 주려는 배려였다. 자기 유골을 뿌리면 값진 선물을 주겠다는 약속도 남겼다. 와이오트가 숨을 거두자 사람들은 유언에 따라 화장하며 그의 영혼이 불 속에서 고통 받지 않도록 울며 기도했다. 시신을 태운 연기는 하늘로 올라가 달이 되었다. 또는 밤하늘에서 가장 밝게 빛나는 직녀성Vega이 되었다는 설도 있다.

재를 뿌리자 그곳에서 튼튼한 참나무가 울창하게 자라났다. 그러나 아무도 그 나무로 무엇을 해야 좋을지 몰랐다. 와이오트의 몸에서 태어난 신성한 나무였으므로 함부로 손을 댈 수도 없었다. 사람들은 까마귀를 달(또는 직녀성)로 날려 보내 이 나무로 무엇을 하면 좋을지 와이오트에게 물어보고 오게 했다. 그러나 까마귀는 와이오트에게 닿지 못하고 빈손으로 돌아왔다. 더 높이 날 수 있는 독수리를 비롯해 온갖 새를 다 보내 봤지만 결과는 마찬가지였다. 마지막으로 너무 작아서 눈에 띄지 않았던 벌새에게 부탁해 보았다. 벌새는 화살처럼 하늘로 솟아오르더니 순식간에 시야에서 사라졌다. 며칠이 지나자 벌새가 돌아와 와이오트의 말을 전했다.
"내 몸으로 만들어 너희에게 준 나무에 열리는 견과는 모든 인간과 들짐승과 날짐승을 위한 것이다. 인간은 견과를 빻아서 빵을 구워 먹어도 좋을 것이다."
미시시피 강 유역 인디언들은 그때부터 도토리를 주식으로 삼았고, 신성한 나무라 여겨 함부로 베지 않았다.

참피나무
Linden

게르만족은 참피나무를 신성하게 여겼다. 그러나 난쟁이와 요정이 숨어 살거나 때로는 용이 그 그늘에서 쉬기도 하는 위험한 나무이기도 하다.
바그너 가극에 지크프리트라는 이름으로 등장하는 북

유럽 신화 속 영웅 시구르드는 뵐숭 왕가의 왕자였다. 그러나 아버지 지그문트 왕이 전사하고 어머니가 시구르드를 임신한 채로 덴마크로 건너가는 바람에 그곳에서 성장했다. 시구르드가 사는 곳 근처에는 악명 높은 용 파프니르가 살고 있었다. 시구르드는 용을 퇴치하기로 마음먹고 파프니르가 물을 마시러 다니는 길에 땅굴을 파고 숨어서 기다렸다. 그러고는 파프니르가 구멍 바로 위를 지나갈 때 배에 명검 그람을 꽂아 넣었다. 파프니르는 고통스럽게 비명을 지르며 숨을 거두었고, 시구르드는 불사의 힘을 선사하는 용의 피를 온몸에 뒤집어썼다. 그러나 파프니르가 죽기 직전 고통에 몸부림칠 때 뿌리째 뽑힌 참피나무에서 나뭇잎 하나가 날아와 어깨에 내려앉는 바람에 어깨만은 불사의 힘을 얻지 못했다. 시구르드는 훗날 하겐의 창에 어깨를 찔려 죽음을 맞았다. 덕분에 참피나무는 불운을 가져오는 나무로 여겨진다.

그리스신화의 필레몬과 바우키스 부부 이야기에도 참피나무가 등장한다.

어느 날 제우스와 헤르메스가 사람으로 변해 지상으로 내려왔다. 마을 사람들은 두 신을 알아보지 못하고 문전박대했다. 제우스와 헤르메스는 화가 치밀어 큰 홍수를 일으켜 마을을 쓸어 버리기로 마음먹었다. 그러나 마지막으로 만난 가난한 부부 필레몬과 바우키스는 허름한 행색의 두 사내를 불쌍하게 여겨 없는 살림에 극진하게 대접했다. 남편 필레몬은 집에 남은 마지막 거위까지 잡아서 요리할 정도였다. 제우스와 헤르메스는 크게 감동했다. 그들은 홍수를 일으키기 전에 두 부부를 산꼭대기로 피신시켰다.

마을이 완전히 물에 잠겨 사람들이 모두 죽자 서서히 물이 빠졌다. 부부는 목숨을 건졌지만 마냥 기뻐할 수만은 없었다. 가뜩이나 허름한 집이 홍수에 쓸려 갔을 테니 당장 어디서 어떻게 살아야 할지 막막했다. 그러나 그건 쓸데없는 걱정이었다. 허름한 오두막이 있던 자리에는 황금과 대리석으로 지은 화려한 신전이 서 있었다. 제우스는 이 부부가 아무 걱정 없이 이 신전에서 봉사하며 생활하게 해 주고 또 다른 소원이 있는지 물었다. 부부는 아무것도 필요가 없으니 그저 두 사람이 한날한시에 죽어서 한 사람이 외롭게 남는 일만 없게 해 달라고 빌었다. 제우스는 끝까지 아무 욕심도 부리지 않는 이 부부가 더욱 마음에 들었다. 그래서 두 사람이 수명을 다해 서로 손을 맞잡고 동시에 세상을 떠날 때, 남편 필레몬은 참나무로 변하게 하고 아내 바우키스는 참피나무로 바꾸어 둘이 함께 영원한 생명을 누리며 신전을 지키도록 해 주었다.

천수국
Marygold

메리골드라고도 불리는 이 꽃은 여느 노란색 꽃들이 흔히 그렇듯 빛의 상징으로 여겨진다. 연적에게 애인을 빼앗긴 소녀가 죽어서 천수국이 되었다는 전설 덕분에 질투를 상징하기도 한다.

그리스에는 이 꽃의 기원을 설명하는 또 다른 전설이 전해진다. 태양의 신 아폴론을 깊이 사랑해서 오직 그를 보기 위해 살아가는 한 소녀가 있었다. 아폴론이 태양의 마차를 타고 지평선에서 솟아오르는 순간을 놓치지 않으려고 매일 밤새도록 들판에 서서 기다렸다. 소녀는 평생을 그렇게 살다가 들판에서 숨을 거두었다. 그리고 그녀가 서 있던 자리에서 천수국이 처음으로 피어났다.

멕시코 천수국 중에는 꽃잎이 붉은색인 것도 있다. 황금에 눈이 먼 스페인 군대에 학살당한 아즈텍인들의 피가 스민 꽃이라고 한다.

초롱꽃
Campanula

　초롱꽃은 종처럼 생겼지만 고대의 거울과도 모습이 많이 닮았다. 그래서 비너스의 거울이라고도 불린다.

어느 날 비너스가 실수로 거울을 잃어 버렸다. 무엇이든 모습을 비추기만 하면 더 아름다워지는 힘을 지닌 거울이었다. 우연히 거울을 발견한 한 목동은 자기 모습을 비추어 보고는 완벽한 외모를 갖추게 되었다. 비너스의 아들 큐피드가 거울을 찾으러 다니다가 그 목동을 발견했다. 인간이라고는 믿기 어려울 정도로 아름다운 모습이었다. 큐피드는 한편으로는 깜짝 놀라고 또 한편으로는 짜증이 났다. 하찮은 목동이 어머니의 보물을 사용한 것이 틀림없었다. 화가 난 큐피드는 목동의 손에서 거울을 거칠게 낚아챘다. 그때 거울에 비친 잔디밭에서 초롱꽃이 피어났다고 한다.

치커리
Chicory

여름이면 뉴잉글랜드 목초지에 분홍색과 푸른색 민들레처럼 생긴 예쁜 꽃이 앙상한 가지 위에 피어난다. 어린잎은 부드러워서 샐러드에 넣어도 좋지만 그보다는 커피 대용품으로 더 자주 이용되는 식물이다.

치커리 꽃은 빛깔이 워낙 다양해서 자연스럽게 태양과 관련된 전설에 자주 등장한다. 루마니아에는 너무나 아름답고 상냥해서 '꽃의 여인'이라 불리는 처녀 플로리라가 살고 있었다. 태양의 신이 플로리라를 보고 첫눈에 반해서 지상으로 내려와 사랑을 고백했다. 플로리라는 신분 차이가 너무 크다는 점이 마음에 걸리기도 하고, 또 태양의 신이 결혼까지는 생각하지 않는 것 같아서 그의 사랑을 받아 주지 않았다. 하찮은 인간에게 거절당하자 신은 놀라움과 분노를 가누지 못했다. 그는 모욕에 대한 앙갚음으로 플로리라를 치커리 꽃으로 만들어 새벽부터 어두워질 때까지 억지로 태양을 바라보게 했다.

치커리는 수 세기 동안 사랑의 묘약으로 여겨졌다. 씨앗을 비법에 따라 조제해 몰래 먹이면 연인의 사랑이 영원토록 변하지 않는다고 한다.

독일에는 항해를 떠난 연인을 기다리는 데 평생을 바친 한 여인의 이야기가 전해진다. 여인은 하염없이 수평선만 바라보다가 결국 그 자리에 뿌리를 내리고 창백한 푸른빛이 감도는 치커리 꽃으로 변해 버렸다.

카네이션
Carnation

예전에는 빨간색 카네이션보다 분홍색 카네이션이 더 흔한 품종이었다. 분홍색이 살코기 색과 비슷해서 고기를 뜻하는 'carne'라는 단어에서 카네이션이라는 이름이 유래했다. '대관식coronation'에서 유래한 이름이라는 설도 있다. 고대에는 이 꽃으로 왕관을 꾸미고 화환을 만들었기 때문이다. 카네이션이 연인들의 무덤에서 핀다는 믿음도 널리 퍼져서 장례식 화환으로도 쓰인다. 한편, 예수가 태어났을 때 가장 먼저 핀 꽃이라는 이유로 기쁨을 상징하기도 한다.

이탈리아 론세코가家는 카네이션을 가문의 문장으로 사용한다. 백작부인 마르게리타가 결혼식 전날 밤에 사라센인들과 싸우러 급히 출정해야만 했던 연인 올란도에게 하얀색 카네이션을 선물로 준 데서 비롯된 상징이다. 1년 후, 한 병사가 찾아와 올란도가 전사했다는 말을 전하며, 그가 부적처럼 지니고 있던 마르게리타의 머리카락과 시든 카네이션을 돌려 주었다. 하얗던 카네이션은 올란도의 피로 붉게 물들어 있었다. 카네이션에는 씨앗이 남아 있었다. 마르게리타는 연인을 추억하며 씨앗을 정원에 심었다. 씨앗에서 핀 꽃은 마르게리타가 올란도에게 주었던 것과 같은 하얀색이었지만 가운데는 붉은색이었다. 전에는 한 번도 보지 못했던 카네이션이었다.

칸나
Canna

원예종으로 유명한 칸나는 원래 인도와 아프리카가 원산지인 여러해살이풀이다. 미얀마 사람들은 이 새빨간 꽃이 붓다의 성스러운 피에서 피어났다고 믿는다.

악마 데와다트는 붓다의 영향력과 명성을 몹시 질투했다. 데와다트는 붓다가 여행 중이라는 소식을 듣고 앞질러 가서 기다리고 있다가 붓다가 지나갈 때 언덕 위에서 큰 바위를 굴려 떨어뜨렸다. 바위는 맹렬한 기세로 붓다를 향해 굴러 내려가다가 바로 앞에서 수천 조각으로 부서져 버렸다. 그중 한 조각이 붓다의 발가락을 때려 피가 한 방울 흘렸다. 붓다의 피가 땅에 스며들자 그 자리에서 칸나 꽃이 피었다. 그와 동시에 데와다트가 서 있던 땅이 갈라지더니 그를 단숨에 집어삼켜 버렸다.

캐럽
Carob

캐럽은 초콜릿 맛이 나서 당뇨환자 요리에 많이 쓰이는 열매가 달리는 유럽산 나무이다. 탈무드에는 미국 작가 W. 어빙의 단편소설 〈립 밴 윙클Rip Van Winkle〉을 연상시키는 캐럽나무 관련 전설이 전해진다.
랍비 초미가 길가에 캐럽나무를 심는 노인을 보았다.

초미는 노인을 비웃었다.

"당신처럼 백발이 성성한 노인이 지금 나무를 심고 거기서 열매를 얻으려고 하시오? 캐럽 열매가 열리려면 30년은 족히 걸릴 겁니다. 당신은 그전에 당신 아버지 곁으로 갈 거고요."

노인이 겸손하게 대답했다.

"당신 말씀이 맞습니다. 하지만, 이건 저를 위해서 심는 게 아닙니다. 저도 그동안 다른 사람들이 심은 나무에서 열린 캐럽을 먹어 왔으니, 저도 그들처럼 다른 사람들을 위해 나무를 심는 겁니다. 제 아들의 아들들이 열매를 따 먹고 제게 고마워하겠지요."

노인과 헤어진 초미는 지칠 때까지 돌아다니다가 쓰러져 잠들었다. 한참을 자고 눈을 뜨자 태양이 떠오르고 있었다. 그는 가족에게 걱정을 끼쳤다는 생각에 서둘러 왔던 길을 되돌아갔다. 그런데 팔다리가 마음대로 움직여 주지 않았다. 관절은 뻣뻣하고 머리가 무거워 생각도 잘 돌아가지 않았다.

그는 한참이 지나서야 어제 노인을 만났던 곳에 도달하고는 깜짝 놀라고 말았다. 묘목이 있어야 할 자리에 커다란 캐럽나무가 우뚝 서 있었던 것이다. 그 아래에서 한 소년이 군침을 흘리며 나무를 올려다보고 있었다.

초미가 소년에게 물었다.

"이 나무를 누가 심었니?"

"우리 할아버지가요. 돌아가시기 전날에 심으셨대요."

초미는 눈과 귀를 의심하며 뺨을 꼬집어 보다가 자기 얼굴에 하얀 턱수염이 나 있는 걸 깨닫고 다시 한 번 놀랐다. 그는 왔던 길을 되짚어 서둘러 마을로 돌아갔다. 마을에는 아는 얼굴이 하나도 없었다. 동네도 엄청나게 변해 있었다. 그러다가 겨우 아들네 집을 알아보고 기쁜 마음으로 걸음을 재촉해 안으로 들어갔다. 집안에서는 처음 보는 여자가 한쪽 구석에서 아기에게 젖을 먹이고 있었다. 멍한 표정으로 서 있자 역시 생전 처음 보는 남자가 다가와 누굴 찾아왔느냐고 물었다.

초미가 대답했다.

"죄송합니다. 제가 잘못 찾아온 것 같군요. 여기가 초미의 아들네 집인 줄 알았습니다."

"초미의 아들이라면 제 아버지 되십니다. 아버지와 할아버지 모두 오래전에 돌아가셨지요."

"죽어? 내 아들이? 벌써 죽어 버렸다고?"

"제 아버지를 아시나 보군요. 그렇다면 어서 안으로 들어오십시오."

"나는 초미도 알지."

"어떻게 그러실 수가 있죠?"

"내가 바로 초미이다."

"뭐라고요? 그건 말도 안 됩니다. 할아버지께서 돌아가신 지 벌써 70년이나 지났는걸요. 그분은 여기저기 떠돌아다니시다가 맹수에게 잡아먹히셨습니다."
"아니다, 아니야! 내가 바로 초미야! 나는 죽지 않았어!"
초미는 너무 늙어서 서 있을 힘도 없었다. 손자가 그를 부축해서 의자에 앉혔다. 초미는 몹시 혼란스럽고 무거운 마음으로 그 집에서 며칠 동안 머물렀다. 그러다가 자손들에게 축복을 내려 주고는 영원한 안식에 들었다.

콩
Bean

도대체 이유를 알 수는 없지만, 고대에는 콩이 대단히 악명 높은 식물이었다. 사고에 어떤 오류가 있었는지, 관찰이 어떻게 왜곡되었는지, 콩을 어떻게 오용했었기에 그런 생각을 품게 되었는지 궁금할 뿐이다. 콩은 악몽을 유발하고, 콩이 나오는 꿈은 나쁜 일이 일어난다는 징조이며, 유령조차도 콩 냄새를 맡으면 오싹해져서 몸서리를 친다고 여겨졌다. 로마신화에서 인간을 이롭게 하는 풍작의 여신 케레스도 인간에게 나누어 줄 선물에서 콩은 제외했다. 고대 그리스 사제도 신탁이 흐려진다는 이유로 콩을 먹지 않았다. 히포크라테스 같은 과학자조차 콩이 시력을 해친다며 먹지 말라고 가르쳤다. 키케로 같은 지성도 콩이 혈액순환을 방해하고 열정을 과도하게 이끌어 낸다며 단호하게 거부했다. 로마 사제들은 부정한 식물이라며 이름을 입에 담기조차 꺼렸다.

피타고라스는 영혼이 육신을 떠나면 콩이 된다고 믿고 그 생각을 이집트 사람들에게 전파했다. 그는 콩이 반쯤은 사람이라는 이유로 절대로 먹지 않았다. 마법사로 오인당해 사람들에게 배척당하던 피타고라스는 어느 날 자신을 해치려는 사람들에게 쫓기다가 콩밭에 이르렀다. 콩밭을 지나가지 않고서는 도망칠 길이 없었다. 피타고라스는 다른 사람의 영혼을 짓밟을 수 없다며 그 자리에 서서 순순히 죽음을 기다렸다고 한다.

크로커스와 사프란
Crocus, Saffron

백합목 붓꽃과의 여러해살이풀로 봄에 피는 종을 크로커스라 하고 가을에 피는 종을 사프란이라고 한다. 초봄에 피는 꽃 크로커스는 매우 아름답기도 하지만 굉장히 다양한 용도로 쓰이는 귀중한 꽃이기도 하다. 신경 안정제와 위장약으로 효과가 좋으며, 로마시대에는 여성들의 머리 염색제로도 쓰였다. 로마 시대에는 교회가 크로커스를 염색제로 쓰는 걸 금지하기도 했다. 헨리 8세도 크로커스로 옷을 물들이면 하얀색일 때보다 세탁을 덜 자주 하게 된다는 위생상의 이유로 염료로 쓰는 것을 금지했다. 사프란은 10만 배로 희석해도 노란색을 띠기 때문에 음식의 빛깔을 내는 데도 쓰인다.

그리스신화는 크로커스crocus가 한 요정을 사랑하다가 상사병으로 죽은 청년 크로코스Krokos가 변신한 꽃이라고도 하고, 형벌을 받는 프로메테우스가 흘린 피에서 핀 꽃이라고도 한다. 로마신화는 상업과 교역의 신 메르쿠리우스가 던진 고리에 크로코스라는 소년이 우연히 맞아 죽으며 흘린 피가 성스러운 이슬에 스며들어 핀 꽃이라고도 전한다. 이아손이 나이가 들자 그의 연인이었던 마법사 메디아가 준비한 영원한 생명을 주는 약에서 핀 꽃이라는 전설도 전해진다.

사프란은 오랫동안 인도가 독점 공급했지만, 에드워드 3세 시절 영국인 여행자 한 사람이 목숨을 걸고 구근을 훔쳐 속이 빈 지팡이 속에 숨겨서 고향 월든으로 가져왔다. 그가 구근 단 하나로 재배하기 시작한 사프란이 현재 월든을 가득 메우고 있다.

클로버
Clover

다양한 변종을 전 세계 어디에서나 쉽게 찾아볼 수 있는 클로버는 매우 유용하게 쓰이는 식물이다. 달콤한 향기를 풍기는 야생 클로버 꽃 주위에는 늘 꿀벌이 분주하게 날갯짓한다. 클로버는 꿀도 유명하지만 관상용으로도 많이 쓰인다. 미국 뉴올리언스에 있는 성 로츠의 예스러운 무덤에 가 보면 가끔 아이들이 다가와 예수의 피가 묻은 클로버를 동전 한 닢에 사라고 말한다. 굳이 돈을 주고 살 필요는 없다. 빨간색 하트 모양

점이 있는 클로버 잎은 무덤 주위에서 누구나 쉽게 찾을 수 있다.

프랑스인 거주 지역에 사는 노인들은 이 하트 모양에 얽힌 또 다른 이야기를 기억하고 있다. 한 여인이 결혼식 전날 밤에 죽어 성 로즈의 무덤 옆에 묻혔다. 그녀의 남자 친구는 슬픔을 견디지 못하고 연인의 무덤 옆에서 권총으로 스스로 목숨을 끊었다. 그 바람에 피가 사방으로 튀어 무덤 주위에서 자라는 클로버를 적셨다. 그때부터 그 자리에서 나는 클로버 잎에 빨간색 하트 모양의 점이 생겼다고 한다.

보통 클로버보다 잎이 하나 더 달린 네 잎 클로버는 오랫동안 행운의 상징으로 여겨져 왔다. 어떤 미신이라기보다 방목지에 풀어놓은 가축들이 잎이 하나 더 달린 먹이를 입에 물었을 때 느낄 법한 즐거움을 상상하며 비롯된 이야기이다. 나폴레옹이 전쟁터에서 네 잎 클로버를 발견하고 신기하게 여겨 허리를 굽힌 순간 총탄이 머리 위로 지나가 가까스로 목숨을 건진 데서 유래한 상징이라는 설도 있다.

클로버의 한 종류인 애기괭이밥은 고대로부터 독사와 독충, 그리고 마녀의 접근과 재난을 막아 주는 부적으로 여겨졌다. 전쟁터에 나가는 병사들은 애기괭이밥 잎을 검에 묶어 무사귀환을 기원하고 적의 은밀한 공격을 피하고자 했다. 예전에는 샐러드 재료로도 사용했지만 이제는 사람은 먹지 않고 가축사료로만 쓴다. 애기괭이 밥에서 추출한 옥살산은 표백제와 물엿 제조에 쓰이지만 강한 독성도 지녔다. 잎이 사람 심장처럼 생겨서 심장질환 치료제로 쓰인 적도 있다.

클로버는 그리스도교 삼위일체의 상징이다. 성 패트릭이 아일랜드에 기독교를 전파한 이후로 그 나라의 상징이 되었다. 클로버는 성 패트릭의 시대 이전부터 이미 마녀를 쫓는 부적으로 사용되고 있었다.

투구꽃
Aconite

'투구꽃'은 꽃 모양이 로마병정의 투구를 연상시켜 붙은 이름이다. 덴마크에서는 '트롤의 모자'로, 독일에서는 '철 모자' 또는 마녀가 악마를 소환하는 주문과 관련된 '악마의 풀'이라고도 부른다. 노르웨이에서는 '오딘의 투구'라고 부른다. 오딘의 투구는 쓴 사람의 모습을 감춰 주는 요술투구이다.

투구꽃이 뿌리에 맹독이 있는 유독식물이라는 것은 아주 오랜 옛날부터, 심지어 신화의 시대 때부터 널리 알려진 사실이었다.

모험을 마치고 아테네로 돌아온 그리스신화의 영웅 테세우스는 정체를 숨긴 채 아버지 아이게우스 왕을 찾아갔다.

"저는 수많은 괴물을 물리쳐 사람들을 구해 주었습니다. 그러니 제게 마땅한 상을 주십시오."

테세우스는 그렇게 말하며 바로 옆에 서 있던 아름다운 마녀 메디아를 바라보았다. 그는 메디아가 입은 옷에서 풍기는 미묘한 향기에 마음을 빼앗겼다. 메디아가 황금 잔에 술을 따라 주며 말했다.

"환영합니다. 악을 소탕한 영웅이여. 피로를 말끔히 씻고 활력을 주며 모든 상처를 치료해 주는 이 와인을 한 잔 마셔 보세요. 신들이 마시는 술이랍니다."

테세우스는 잔을 받아들고 메디아가 보는 앞에서 술을 마시려는 듯 하다가 문득 멈추더니 움직이지 않았다. 메디아의 얼굴은 너무나도 사랑스러웠고, 흘러내린 머리칼은 햇살처럼 빛났다. 그리고 빛나는 두 눈은 뱀을 연상시켰다.

테세우스가 말했다.

"올림포스의 넥타로군요. 정말로 황홀한 향기입니다. 이

술을 가져온 분은 우리 같은 하찮은 인간을 초월한 분이 틀림없습니다. 당신께서 먼저 이 술을 맛보시고 그 입술의 향기를 와인에 적셔 주시면 그 맛이 훨씬 더 훌륭해질 것 같습니다."

메디아는 하얗게 질려서 몸이 좋지 않다며 사양하려 했다. 테세우스가 그 망설임의 의미를 간파하고 호통을 쳤다.

"마셔라! 아니면 신들의 이름으로 내 손에 죽던가!"

왕과 신하들은 깜짝 놀라 입도 뻥끗하지 못했다. 메디아는 재빨리 잔을 바닥에 내팽개치더니 용이 끄는 마차를 타고 달아나 다시는 돌아오지 않았다. 쏟아진 술이 바닥에 스며들자 대리석이 깨지고 부글부글 끓으며 녹아내렸다. 테세우스는 그제야 정체를 밝혔고 왕궁은 기쁨으로 가득 찼다.

대리석이 녹아내린 모습으로 볼 때 메디아가 사용한 독은 강한 산이라고 생각할 수 있지만 신화에서는 그것이 투구꽃 뿌리에서 추출한 독이라고 이야기한다.

고대의 군대들은 스치기만 해도 적에게 죽음을 안겨 줄 수 있도록 이 독을 창날과 화살촉에 발랐다. 지금도 몇몇 야만 부족들은 그렇게 하고 있다고 전해진다. 가장 현명한 켄타우로스로 알려진 케이론도 실수로 이 독이 묻은 화살을 발굽에 떨어뜨려 죽음을 맞았다. 지옥의 여왕 헤카테는 이 꽃의 위험성을 전해 듣고 머리 셋 달린 괴물 케르베로스를 시켜 자신의 정원을 지키도록 했다.

튤립
Tulip

잉글랜드 데번 주에 사는 귀가 뾰족한 요정 픽시는 아기를 낳으면 튤립을 요람으로 삼는다. 밤바람이 튤립을 살며시 흔들어 아기 픽시가 좋은 꿈을 꾸게 해준다.
한 여성이 왠지 잠이 오지 않아 한밤중에 정원으로 나갔다. 따뜻한 봄바람을 만끽하다가 등불을 비추어 아끼는 튤립을 들여다본 그녀는 깜짝 놀라 소리를 지를 뻔했다. 튤립 안에 아주 작은 아기가 쌔근쌔근 잠들어 있었던 것이다. 아기가 너무나 사랑스러워서 여주인은 날이 밝도록 그 자리를 떠날 수가 없었다.
여주인은 픽시가 튤립을 요람으로 쓰는 걸 알고 정원에 튤립을 더 많이 심었다. 근처에 사는 픽시가 다 쓰고도 남을 정도였다. 그러고는 매일 밤 달빛에만 의지해 살금살금 다가가서는 잠든 아기들을 사랑스러운 눈으로 지켜보았다. 처음에는 픽시들도 잔뜩 경계했지만, 곧 그녀가 자기 아기들을 정말로 예뻐하고 보살펴 주고 싶어 하는 걸 알고 기분이 좋아졌다. 픽시들은 튤립을 더 크고 아름답고 향기롭게 만들어 주어 그녀의 호의에 보답했다. 그녀의 정원에 핀 튤립은 장미보다 아름답고 향기도 진했다. 픽시들은 또 여주인이 사는 집을 축복해 주어 그녀는 평생 행복하고 즐거운 삶을 마음껏 누렸다.

여주인이 죽자 돈만 밝히는 아주 탐욕스러운 사람이 집과 정원을 사들였다. 그는 돈도 안 되는 정원을 갈아엎어 버리고, 시장에 내다 팔 수 있는 농작물을 심었다. 졸지에 아기를 재울 요람을 잃은 픽시들은 머리끝까지 화가 나서 매일 밤 밭의 농작물을 뽑고 짓밟아 버렸다. 몇 년이 지나도 밭에서 아무것도 수확하지 못하고 잡초만이 무성했다. 오직 전 주인의 무덤만이 늘 푸르고 아름다웠다. 미적 감각이라고는 없는 새 주인은 무엇이 잘못되었는지 끝까지 알아차리지 못했다. 정원을 원래대로 되돌려 놓지도 않았다. 픽시들은 결국 새 주인이 온 지 몇 년 만에 그 땅을 포기하고 높은 산으로 이사해 버렸다.

패모
Crown Imperial

패모는 페르시아 원산의 백합과 꽃으로, 무리지어 핀 모습이 왕관처럼 보인다고 해서 정원을 지배하는 꽃으로 여겨진다. 패모는 원래 페르시아의 어느 아름다운 여왕이었다. 그런데 왕은 아내의 아름다움에 만족감을 느끼기는커녕 늘 의심하며 질투심을 품었다. 이 의처증 환자는 의심과 분노가 극에 달한 어느 날 여왕을 궁에서 내쫓아 버렸다.
여왕은 결백을 주장하며 눈물을 흘렸다. 그녀는 멀리 떠나지 못하고 이 부당한 처사가 거두어지기만을 기다렸지만 아무 소용이 없었다. 여왕은 결국 그 자리에서 죽음을 맞았다. 신이 여왕을 가엾게 여겨 그녀가 서 있던 자리에 뿌리를 내리고 패모로 피어나게 해 주었다. 페르시아에서는 신의 손길이 느껴지는 이 꽃을 지금도 신성하게 여긴다.

팬지
Pansy

팬지는 제비꽃을 개량해 만든 품종으로, 명상을 의미하는 단어 '팡세'에서 이름을 따왔다. 옛 사람들 눈에는 꽃 모양이 명상에 잠긴 사람 얼굴처럼 보였던 모양이다. 삼색제비꽃이라 불리기도 한다. 내한성이 매우 강해서 영하 5도까지 견디는 품종도 있다.

독일에 전해지는 이야기에 따르면, 원래 팬지는 강한 생명력으로 야생에서도 잘 자라면서도 제비꽃만큼이나 향기로웠다. 사람들은 팬지를 지나칠 정도로 좋아했다. 팬지를 찾아다니며 가축이 먹을 풀은 물론 사람이 식용할 채소류까지 부주의하게 짓밟는 바람에 들판이 황폐해질 지경이었다. 팬지는 죄책감과 슬픔에 젖어서 사람들이 더는 자기를 찾지 않도록 자신의 향기를 거두어 달라고 간절히 기도했다. 신이 그 기도를 들어 주어서 팬지는 향기 없는 꽃이 되었다.

포도나무
Grapevine

　1년에 한 번 달이 아주 밝은 날, 샤를마뉴 대제의 영혼이 깨어나 라인 강 주변을 거닌다. 대제는 자기가 심은 포도나무 향기를 한껏 즐긴 다음 안개 자욱한 다리를 건너며 훌륭한 포도주가 생산되도록 축복을 내린다.
포도나무는 아들 제우스에게 쫓겨난 크로노스가 이탈리아로 도망치면서 인간에게 전해 주었다. 이집트에 전해 준 신은 크로노스가 아니라 오시리스이다. 스페인에서는 헤라클레스가 퇴치한 괴물 게리온이 전해 주었다고 말한다.
포도주를 처음 발견한 사람은 삶을 비관하여 스스로 목숨을 끊으려던 한 페르시아 여인이라는 전설이 있다. 독 대신 썩은 포도즙을 마시고 죽으려던 여인은 이상하게 기분이 좋아지고 태어나서 처음으로 숙면을 취했다. 그러고는 깨질 듯한 두통에 시달렸다. 그녀는 자살 생각도 잊고 이 놀라운 발견을 널리 알렸다.

포플러
Poplar

포플러의 속명 'Populus'는 라틴어로 '민중'이라는 의미이다. 로마시대에 중요한 일이 있을 때마다 이 나무 아래로 사람들을 소집한 데서 나온 이름이다. 잎자루가 길고 편평해 바람이 조금만 불어도 흔들려 마치 사람들이 모여 소란스럽게 이야기를 나누는 것처럼 소리가 난다.

그리스에서는 독사에 물린 헤라클레스가 포플러 잎으로 치료한 이후로 신성한 나무로 여겨졌다. 헤라클레스는 괴물 게리온을 퇴치하고 거인 카쿠스를 죽였을 때도 포플러 나무 가지로 승리의 관을 만들어 썼다. 또 다른 과업을 완수하러 지옥에 내려갔을 때는 머리에 쓴 관에 달린 잎의 윗부분이 지옥의 불길과 연기에 검게 그을리고, 아랫부분은 이마에서 떨어지는 땀으로 식어 은색 밀선이 생겼다.

태양의 신 아폴론의 아들 파에톤도 포플러 나무와 관계가 있다.

성인이 된 파에톤이 아버지 아폴론을 찾아갔다. 아폴론은 반가운 마음에 소원 한 가지를 들어주겠다고 맹세했다. 파에톤은 태양의 마차를 한 번만 몰아보는 게 소원이라고 대답했다. 아폴론은 깜짝 놀라며 다른 소원이라면 무엇이든 들어주겠다고 달래 보았지만 파에톤은 굽히지 않았다. 아폴론은 할 수 없이 태양의 마차 고삐를 넘겨 줄 수밖에 없었다.

태양의 마차를 끄는 말들은 마차가 평소보다 훨씬 가볍자 고삐를 쥔 주인이 아폴론이 아니라는 걸 단번에 알아차렸다. 말들은 파에톤의 통제를 벗어나 미친 듯이 날뛰기 시작했다. 태양의 마차는 하늘 높이 솟았다가 땅에 거의 닿을 듯이 내려오는 등 제멋대로 날아다녔다. 그 바람에 나일 강 유역은 초목이 바짝 말라 버리고 에티오피아인들은 열기에 피부가 검게 그을렸다. 리비아에는 사막이 생기고 수많은 사람이 목숨을 잃었다. 보다 못한 제우스가 번개를 던져서 파에톤을 죽여서 더 큰 피해를 막았다. 파에톤이 죽자 요정인 누이들이 슬픔을 이기지 못하고 죽어서 포플러 나무가 되었다. 누이들은 나무가 되어서도 계속해서 눈물을 뚝뚝 떨어뜨렸다. 그들이 흘린 눈물은 강에 떨어져 호박琥珀이 되었다.

포플러는 제우스의 은수저를 훔쳐간 적도 있다. 제우스는 시동 가니메데스를 시켜 숲으로 가서 잃어 버린 은수저를 찾아오게 했다. 가니메데스는 먼저 참나무를 찾아가 제우스의 은수저를 보지 못 했느냐고 물었다. 참나무가 퉁명스럽게 대답했다.
"나는 에메랄드로 된 잎과 은 술잔 1000개를 가지고 있다. 나는 숲의 왕이지 도둑놈이 아니다!"
가네메데스는 참나무에게 머리 숙여 사과하고 자작나무를 찾아갔다. 자작나무도 언짢은 기색을 감추지 않았다.
"은수저라면 나도 가지고 있소. 내가 왜 남의 걸 훔친단 말이오? 제우스의 은수저는 나에게 필요도 없소."
가니메데스는 자작나무에게도 사과하고 다시 은수저를 찾아 숲 속을 헤맸다. 밤나무는 밤송이를 떨어뜨려 무례한 질문을 하는 가니메데스를 쫓아 버리고, 전나무와 느릅나무도 딱딱한 열매를 떨어뜨리며 겁을 주었다. 가니메데스는 마지막으로 포플러를 찾아갔다. 포플러도 순순히 혐의를 인정하지는 않았다.
"제가 왜 제우스 님의 물건에 손을 대겠습니까? 정 못 믿겠으면 직접 뒤져 보시던가요."
포플러는 그렇게 말하며 아무것도 숨기지 않았다는 걸 보여주려고 가지를 머리 위로 높이 들었다. 잎의 아랫부분에 은색 밀선이 있으니 가지에 숨겨둔 은수저가 보이지 않으리라는 계산이었다. 그런데 어이없게도 은수저를 가지에 단단히 고정해 두지 않아서 나무가 팔을 들자 땡그랑 소리를 내며 아래로 떨어지고 말았다. 가니메데스는 재빨리 도둑맞은 은수저를 챙겨 올림포스로 돌아갔다. 포플러는 도둑질과 거짓말에 대한 벌로 영원히 두 팔을 높이 들고 서 있게 되었다.

향나무
Juniper

먼 옛날, 한 게르만족 소년이 사과 한 알을 가지러 방에 들어갔다가 의붓어머니 손에 살해당했다. 그녀는 소년의 살을 발라내 수프를 끓이고 뼈는 향나무 아래에 묻었다. 그러자 갑자기 나무가 불타오르며 가지에서 새 한 마리가 하늘로 날아올랐다. 새는 이리저리 날아다니며 온천하에 살인 사건의 진상을 알렸다. 그러고는 맷돌을 가져다가 악녀 머리 위에 떨어뜨려 응징했다. 의붓어머니를 죽인 새는 불길에 휩싸인 향나무 속으로 들어가더니 잠시 후 소년의 모습으로 되살아났다. 향나무로 도둑을 잡을 수 있다는 속설도 있다. 어린 향나무를 구부려 땅에 닿게 하고, 살인자의 두개골과 큰 돌로 고정하고는 다음과 같이 말한다.

"향나무야, 도둑(의심 가는 사람의 이름을 부른다)이 자기가 가져간 걸 이 자리에 되돌려 놓을 때까지 널 이렇게 구부려놓고 괴롭힐 거야."

도둑은 그 즉시 다리가 떨리고 마음이 불안해져 훔쳐간 물건을 되돌려 놓게 된다. 목적을 이룬 사람은 물건을 되찾자마자 나무를 풀어 주어야 한다.

그리스에서는 사람들이 향나무로 진gin을 증류하기 전부터 그것을 복수의 나무로 여겼다. 장례식 때는 향나무 열매를 태워 악마를 쫓고, 뿌리를 태운 연기의 향을 지옥의 신에게 바쳤다.

향나무는 헤롯왕의 군사에 쫓기던 성모마리아와 예수, 그리고 아합왕에게 쫓기던 엘리야를 숨겨 주기도 했다. 그 덕분에 약자와 사냥꾼에게 쫓기는 동물의 은신처로 여겨지기도 한다.

이탈리아 사람들은 향나무가 마녀를 쫓아 준다고 믿었다. 문 앞에 향나무를 심어 두면 마녀는 나뭇잎이 몇 개인지 다 세기 전까지 집에 들어갈 수 없다. 마녀는 몇 번 시도해 보다가 포기하고 대부분 그냥 돌아가 버린다.

헬리오트로프
Heliotrope

짙은 보라색에 향기가 매우 진한 꽃이다. '헬리오트로프'라는 이름은 그리스어로 '태양을 향한다'는 의미이다. 관상용으로도 쓰이지만, 향기가 워낙 진해서 향수 원료로 사용하려고 공업적으로 재배하기도 한다. 헬리오트로프의 탄생설화는 오비디우스의 '변신이야기'에 기록되어 있다.

아프로디테는 남편 헤파이토스를 두고 전쟁의 신 아레스를 만나 바람을 피웠다. 어느 날 태양신 헬리오스가 둘의 밀월을 목격하고 헤파이토스에게 언질을 주었다. 덕분에 불륜 사실이 들통난 아프로디테는 헬리오스에게 앙심을 품었다. 그녀는 아들 에로스를 시켜서 헬리오스에게 사랑의 화살을 쏘게 했다.

헬리오스는 요정 클리티아와 서로 사랑하는 사이였다. 그러나 에로스의 화살을 맞는 순간 페르시아 공주 레우코토에가 눈에 띄는 바람에 클리티아 생각이 사라져 버렸다. 헬리오스가 다른 여자와 정을 통하자 클리티아는 질투심에 사로잡혀 페르시아 왕을 찾아가 딸의 부정을 알렸다. 화가 난 왕은 딸을 산 채로 땅에 묻어 버렸다.

헬리오스는 새로운 사랑을 죽음으로 몰고 간 옛 연인 클리티아를 용서하지 않았다. 클리티아로서는 연적을 제거하는 데는 성공했지만 연인을 되찾는 데는 실패한 셈이었다. 클리티아는 태양의 마차를 타고 하늘을 가로지르는 헬리오스를 하염없이 바라보며 용서를 구했다. 그러나 헬리오스는 그녀를 다시 돌아봐 주지 않았다. 클리티아는 결국 그 자리에 뿌리를 내리고 헬리오트로프 꽃이 되었다. 지금도 헬리오트로프는 하루 종일 태양에서 눈을 떼지 못한다. 클리티아가 헬리오트로프가 아니라 해바라기가 되었다는 설도 있다.

협죽도
Oleander

스페인의 어느 가난한 집에서 한 소녀가 열병에 걸려 앓아누웠다. 소녀의 어머니는 할 수 있는 한 딸을 편안하게 해 주려고 모든 노력을 기울였으나 워낙 가진 것이 없다 보니 병세에 도움이 될 만한 조치를 취할 수가 없었다. 절망과 무력감에 어머니마저 병이 들 지경이었다. 그녀가 할 수 있는 일이라고는 딸 곁에서 무릎을 꿇고 치유의 성인 요셉에게 기도 드리는 것밖에 없었다. 간절히 기도하던 소녀의 어머니가 문득 이상한 기분이 들어 눈을 떠 보았다. 방안이 장밋빛으로 환하게 빛나고 있었다. 몸을 굽히고 소녀를 어루만지는 성인의 손가락이 발하는 빛이었다. 성인은 협죽도 가지로 소녀의 가슴을 쓸어내렸다. 가지에는 마치 천국에서 온 듯 아름답게 빛나는 분홍색 꽃이 피어 있었다.

이윽고 불빛이 사라졌다. 어머니는 눈을 비비며 성인을 찾아보았지만 요셉은 감사의 말을 전할 틈도 없이 이미 사라져 버린 뒤였다. 소녀는 조용히 잠들어 있었다. 병을 앓기 시작한 이후로 처음 보는 평온한 얼굴이었다. 어머니는 머리를 조아리고 감사의 눈물을 흘렸다. 그 이후로 협죽도는 성 요셉의 꽃이 되었다.

아름다운 이야기이지만 사실 협죽도는 그렇게 평판이 좋은 식물은 아니다. 북유럽과 북아메리카에서 관상용으로 온실 재배하는 품종은 해로울 게 없지만 그리스와 이탈리아에서는 독이 있어서 가축을 해치는 골치 아픈 식물이어서 장례식에나 쓰이는 정도였다. 인도에서 '말을 죽이는 꽃'이라 불릴 정도로 협죽도는 독성이 강하다. 그러나 꽃은 무척 아름다워서 사원과 신전을 장식하고 화장을 치를 때는 이 꽃으로 화환을 만들어 망자의 머리에 씌워 주기도 한다.

호두나무
Walnut

러시아에는 "개와 마누라와 호두나무는 두들겨 팰수록 더 좋아진다"는 속담이 있다. 곤봉으로 호두나무를 두들겨 패고 있는 농부에게 이유를 물으면, 그렇게 해야 열매를 더 많이 맺는다는 대답이 돌아온다. 러시아 농부들은 두들겨 맞은 나무에서 얻은 열매를 지니면 벼락이 피해 가고 열병에 걸리지 않으며 마녀의 주문을 막을 수 있다고 믿는다. 마녀가 앉아 있는 의자 밑에 호두 한 알을 떨어뜨리면 마녀가 자리에서 일어나지 못한다고도 한다.

이런 생각은 아마 대홍수와 관련된 전설에서 생긴 관념일 것이다. 리투아니아에 전해지는 전설에 따르면, 대홍수가 일어났을 때 신이 호두를 깨서 알맹이를 먹고 껍질을 물에 띄워 주어 착한 사람들이 그것을 방주 삼아 대홍수에서 살아남았다고 한다. 선한 사람들이 호두 덕분에 목숨을 건졌으므로 사악한 것을 다루는 데 영험이 있다고 믿는 것이다.

한편, 몇몇 고대 문명에서는 호두나무를 불길하게 여겼다. 저녁에 호두나무 아래를 걸어가면 악마의 종이 가지 사이에 숨어 낄낄거리며 말을 걸어온다고 한다.

호박
Pumpkin

먼 옛날 인도에 한 현자가 살고 있었다. 어느 날 그의 아들이 병에 걸려 죽었다. 현자는 무엇을 해야 좋을지 몰라 멍하니 앉아 있었다. 그렇게 며칠이 지나자 시체가 썩기 시작했다. 현자는 우선 시체를 치우기로 하고 속이 빈 거대한 호박에 넣어 가까운 산으로 옮겨두었다.

몇 년이 지나 우연히 그 산을 지나가던 현자는 문득 아들이 잘 있는지 궁금해져서 호박을 열어 보았다. 그러자 호박 속에서 물고기가 끝없이 튀어나왔다. 고래도 몇 마리 있었다. 처음에는 물고기들이 땅바닥에서 파닥거렸지만, 호박에서 물이 끝없이 솟아나와 곧 헤엄을 칠 수 있을 정도가 되었다.

현자는 마을로 달려가 이 놀라운 일을 알렸다. 소식을 들은 사람들은 언덕으로 몰려가 고기를 잡았다. 현자는 사람들이 호박에 해를 끼칠까 두려워 서둘러 따라갔지만 한발 늦고 말았다. 탐욕스러운 사람들이 기적을 일으키는 호박을 그냥 둘 리가 없었다. 사람들은 호박을 들고 집으로 가져가다가 현자와 마주치자 깜짝 놀라 떨어뜨리고 말았다. 호박은 바닥에 떨어져 여섯 조각으로 깨졌다. 그러자 각 조각에서 물줄기가 솟아나 강이 되어 흐르기 시작했다. 호박은 대지를 완전히 집어삼키고서야 분출을 멈추었다. 그때 흘러나와 아직도 마르지 않은 물이 지금의 바다이다.

히아신스
Hyacinth

히아신스는 부드럽고 환한 빛깔과 달콤한 향기로 사랑받는 아름다운 꽃이지만 슬픔과 불행을 상징한다. 그 이름은 그리스신화에 등장하는 미소년 히아킨토스에서 유래되었다.

히아킨토스는 너무나 아름다워서 서풍의 신 제피로스와 태양의 신 아폴론의 사랑을 한몸에 받았다. 소년은 불다가 말다가 하는 바람보다 하루 종일 자신을 비추어주는 태양을 더 좋아했다. 그는 자기 마음을 그렇게 솔직하게 겉으로 드러내는 것이 얼마나 위험한 일인지 미처 깨닫지 못했다.

아폴론은 히아킨토스를 불러 함께 원반을 던지며 놀았다. 제피로스는 멀리 나무 위를 맴돌며 그 모습을 지켜

보았다. 그러다가 아폴론이 원반을 던질 차례가 되었을 때 갑자기 있는 힘껏 바람을 불었다. 원반은 히아킨토스를 향해 쏜살같이 날아갔다. 소년은 피하지도 막지도 못하고 원반에 맞아 피를 흘리며 쓰러졌다. 아폴론은 히아킨토스를 살아 있을 때보다 더 아름다운 꽃으로 만들어 주고도 슬픔의 탄식을 멈추지 않았다.

식물이 더 좋아지는 식물 이야기 사전   찰스 스키너 지음
Myths and Legends of Flowers, Fruits and Plants   윤태준 옮김

1판 1쇄 펴낸날 2015년 8월 31일
1판 6쇄 펴낸날 2022년 6월 30일

펴낸이	전은정
펴낸곳	목수책방
출판신고	제25100-2013-000021호
대표전화	070 8151 4255
팩시밀리	0303 3440 7277
이메일	moonlittree@naver.com
블로그	post.naver.com/moonlittree
페이스북	moksubooks
인스타그램	moksubooks

디자인·일러스트   studio fttg
제작   야진북스

Myths and Legends of Flowers, Fruits and Plants
Copyright ⓒ 1911 Charles Montgomery Skinner

이 책은 저작권법에 의해 한국 내에서
보호를 받는 저작물이므로 무단전재나 복제,
광전자 매체 수록을 금합니다.
이 책 내용의 전부 또는 일부를 이용하려면
저작권자와 목수책방의 서면동의를 얻어야 합니다.

ISBN   979-11-953285-4-3 03480   가격   13,800원